2030
자녀교육
로드맵

김상균 지음

AI 시대 우리 아이는 적응할 것인가, 도태될 것인가

2030 자녀교육 로드맵

김상균 지음

빅피시
BIG FISH

이제 공부만 잘하는 아이는 위험하다

부모는 아이가 좋은 직업을 갖고 안정되게 살기를 바랍니다. 열심히 공부해서 좋은 대학에 가면 성공이 보장됨을 몸소 겪어본 세대이기에 내 아이도 그런 지름길로 안내하고 싶어 합니다. 네댓 살이 되면 한글, 영어 교육을 시작하고, 초등에 들어가기도 전에 수학 선행을 달리고, 국어 실력의 바탕인 독서 교육에 열을 올리는 배경에도 다 그런 이유가 있습니다.

그런데 이제 세상이 달라졌습니다. 과거 100년에 걸쳐 일어났던 변화가 급격한 기술의 발달로 고작 5년, 10년 사이에 나타나고 있습니다. 부모 세대에는 안정적이었던 직업이 더 이상 그렇지 않은 경우가 허다합니다. 평생 직장의 개념은 이미 무너지기 시작했습니다. 한 분야에서의 전문성보다는 다양한 영역에 손 닿는 탐험력, 세상의 변화 속도에 뒤처지지 않는 적응력이 더 중요해졌습니다. 이쯤에서 솔직하게 돌아보고 싶습니다. 아날로그 시대를 살아온 부모가 과연 AI 시대를 살아갈 자녀의 미래를 계획할 수 있을지, 아날로그 세대의 경험으로 AI 세대의 진로를 함께 고민해도 될지 말입니다.

대치동 엄마들이 새벽부터 AI를 공부하는 이유

챗GPT가 공개된 직후인 2023년 초, 이런 고민을 먼저 시작한 강남의 학부모들은 AI 관련 조찬 강연을 듣기 위해 새벽부터 집을 나섰습니다. 다가올 AI 시대가 우리 일상을 어떻게 바꿔놓을지, 나와 자녀의 미래를 어떻게 대비할지 알기 위해서요. 혹시 지금까지 그런 변화에 눈감았던 부모가 있었더라도, 이제 더 이상 그러지 못합니다. 2025년부터 AI 디지털 교과서를 도입하기 때문입니다. 현재 여러 논란이 있지만 정책은 시행되었고, 교육의 변화는 불가피한 상황이죠. 교육 영역에서도 대전환이 시작됐습니다.

미래에 우리 아이가 가질 직업은 지금 사회에는 없을 수도 있습니다. 많은 직업이 사라지고, 그보다 더 많은 직업이 생겨나는 그야말로 격변의 시대니까요. 이제 부모의 경험과 지식만으로 자녀의 미래를 설계하기에는 한계가 있음을 인정해야 합니다. 미래학자 앨빈 토플러는 이렇게 말했습니다. "한국의 학생들은 하루 15시간 동안 학교와 학원에서 미래에 필요하지 않을 지식과 존재하지도 않을 직업을 위해 시간을 낭비하고 있다." 우리 교육의 문제를 정확하게 짚어낸 말입니다. 지금의 공부법과 교육법은 완전히 바뀌어야 합니다. 새로운 시대에 맞는 새로운 교육 로드맵을 그려야 합니다.

이제 공부만 잘하는 아이는 위험합니다. 단순히 주어진 과제를 잘 수행하고 시험 성적이 뛰어나다고 해서 급변하는 미래 사회를 헤쳐나가기는 어렵습니다. AI는 단순 반복적인 작업들을 이미 빠른 속도로 대체하기 시작했습니다. 이제 우리 아이들에게 필요한 역량은 탐험력, 질문력, 교감력, 판단력, 적응력입니다. 부모는 자녀가 시험 점수를 높이는 데만 매달리기보다, 다양한 경험을 쌓고 AI 시대에 필요한 역량을 기르도록 도와야 합니다. 지난 시대의 역량이 아닌 새 시대에 맞는 역량을 키우도록 든든한 버팀목이 되어야 합니다. 우리 아이들은 공부를 잘하되 공부'만' 잘하는 아이가 되어서는 안 됩니다.

급변하는 시대 기회를 잡는 아이로 키우려면

그렇다면 앞으로 자녀 교육은 어떤 방향으로 나아가야 할까요? 요즘 저는 미래 교육과 관련한 강연 요청을 정말 많이 받습니다. 대부분 학부모와 교육자를 대상으로 하는 강연에서 늘 받는 공통된 질문이 있는데요. 그 질문들의 핵심을 간추려 이 책의 각 장 주제로 삼았습니다.

1장에서는 AI 시대의 교육과 직업이 어떻게 달라질지 살펴봅니다. 달라지는 산업의 지형에 따라 직업의 세계가 어떻게 바뀌고 있는지, 그에 따라 학교에는 어떤 변화가 시작되고 있는지 이야기하고 있습니다. 2장에서는 이러한 변화에 적응하지 못하는 현행 교육의 문제점을 지적하고 근본적인 교육 혁신의 필요성을 제시했습니다. 3장에서는 대학과 기업이 원하는 인재상이 어떻게 변화하고 있는지 살펴보고, 미래형 인재의 5가지 핵심 역량을 제안합니다. 4장에서는 아날로그 세대인 부모가 AI 세대 자녀와 소통하고 교감하는 법, 그리고 함께 성장하는 법을 이야기했습니다. 마지막 5장에서는 가정과 학교에서 AI 교육을 실천하는 구체적인 방법을 생각하기, 글쓰기, 예술, 그리고 문제 해결의 관점에서 제시했습니다.

각 장의 끝에는 가까운 미래에 펼쳐질 우리의 일상을 짧은 이야기로 그려봤습니다. 어떤 분들에게는 조금 멀게 느껴질 수도 있겠지만, 곧 다가올 우리 사회의 모습입니다. 채용, 가정, 대학, 교수, 학생 등의 모습이 미래에는 이렇게 변할 수도 있겠구나 하고 가볍게 봐주시면 됩니다.

다가올 시대의 교육을 고민하고, 궁금해하는 분들에게 답하기 위해 이 책을 준비했습니다. 교육자로서 학생들의 진로 고민을 오랫동안 함께해왔고, 여러 기업과의 협업으로 변화하는 산업의 지형과 그들이 원하는 인재상을 누구보다 잘 알고 있기에, 시대의 변화를 가장 가까이서 접하며 먼저 고민해온 내용들을 빠짐없이 담아내려고 했습니다.

시대는 이미 변화를 향해 앞질러 뛰어가고 있습니다. 그러나 교육, 부모, 아이들 모두가 꽤 뒤에 머물러 있습니다. 더 늦기 전에 그 변화 속도에 발을 맞춰야 합니다.

부모가 먼저 변화를 예측하고 준비해야 합니다. 부모가 시대의 흐름을 읽고 적극적으로 대응해야 아이가 거대한 기회의 물결에 올라탈 수 있습니다.

2024년 여름, 저는 현대 AI의 아버지라 불리는 위르겐 슈미트후버 교수와 대담했습니다. 슈미트후버 교수는 챗GPT가 지금까지 우리에게 보여준 것들은 시작에 불과하다고 언급했습니다. AI는 훨씬 더 놀라운 잠재력을 품고 있으며, 이제껏 우리가 경험하거나 예견하지 못했던 미래를 가져오리라 얘기했습니다. 따라서 앞으로는 AI를 이해하고 그 도구를 활용하는 아이와 그러지 않는 아이 사이에 점점 격차가 커질 수밖에 없습니다.

이런 상황은 부모 세대에게도 동일하게 적용됩니다. 이 책이 부모님의 미래를 계획하는 데에도 큰 도움이 되리라 기대합니다. 모쪼록 이 책을 읽는 시간이 다가올 미래를 그려보고, 새로운 가능성을 발견해나가는 즐거운 여정이 되기를 바랍니다.

시대의 전환기를 맞이하며
김상균 드림

프롤로그
이제 공부만 잘하는 아이는 위험하다 4

1장 AI 시대, 교육과 직업은 어떻게 달라질까?

10년 뒤 우리 아이의 직업, 지금은 없다 17

서울대 학위보다 중요해지는 채용의 조건 27

의사, 회계사, 변호사… 가장 빨리 대체될 전문직 39

AI 시대 최고 연봉 직업은 무엇일까? 50

교실 수업의 변화는 시작되었다 58

STORY S사 채용 시스템 69

2장 우리 교육, 무엇이 문제이고 어떻게 해결할까?

쓰이지 않을 지식에 시간을 낭비하는 아이들 77

기업이 가장 중요하게 꼽는 인재의 조건 86

AI 시대에 적응하는 아이 vs 도태되는 아이 95

과거의 성공 방식으로 아이를 키우지 마라 103

단절이 가능한 시대, 오히려 중요해지는 능력 111

STORY AI 로봇과 함께 사는 아이 120

3장 대학과 기업, 앞으로 어떤 인재를 찾을까?

도전을 즐기며 다양한 분야를 탐험하는 사람 127

끌려가는 대신 질문하고 주도하는 사람 137

지적 능력보다 사회성이 좋은 사람 148

내 머리로 판단하고 책임지는 사람 156

뿌리까지 뽑아서 움직일 수 있는 유연한 사람 164

+ 미래형 인재의 5가지 역량을 기르는 법 172

+ 우리 아이 미래 역량 체크리스트 179

STORY 학생이 주도하는 미래의 대학 182

4장 아날로그 세대가 AI 세대를 어떻게 양육할까?

부모와 자녀, 두 세계의 격차를 줄이려면 191

대치동 엄마의 시간표를 버리자 201

AI에 속지 않는 아이로 키우는 법 211

거대한 변화를 기회로 만들어주는 부모의 태도 223

공부하는 부모가 최고의 교재다 234

STORY 교수의 역할이 바뀐다 244

5장 AI 교육, 무엇을 어떻게 가르칠까?

AI 도구만 가르쳐서는 안 되는 이유 251

AI와 토론하며 생각하는 힘 키우기 261

AI가 쓴 글을 내 글로 착각하는 아이들 274

AI로 예술 작품을 만든다는 것의 의미 283

문제 해결 능력을 길러주는 최적의 도구 293

STORY 유니콘으로 성장한 아이 300

AI 시대,
교육과 직업은 어떻게 달라질까?

10년 뒤 우리 아이의 직업, 지금은 없다

　제가 대학을 졸업한 때는 90년대 후반, IMF 터지기 직전이었습니다. 학과 사무실에는 여러 기업의 입사 지원서, 구인 공고가 빼곡했습니다. 4학년 내내 강의실보다는 주점, 나이트클럽을 더 열심히 출입하던 친구도 모 대기업에 바로 합격했습니다. 현재는 어떨까요?

　2023년 기준, 대졸자의 취업률은 66.3%입니다. 10명이 대학을 졸업하면 6~7명은 취업한다는 의미일까요? 그건 아닙니다. 2023년 기준으로 전체 대졸자는 34만 명입니다. 취업률 발표 시 졸업자 중에서 대학원 진학자, 외국인 유학생 등은 통계에서 제외합니다. 2023년에 이렇게 제외된 규모는 4만 3,000여 명, 대략 13%입니다. 즉, 100명 중에서 58명이 직장 생활을 시작한 셈입니다.

연도별 대졸자 취업률

	대학	전문대학
2019	64.4%	71.6%
2020	63.4%	71.3%
2021	61.1%	69.1%
2022	64.2%	71.3%
2023	66.3%	73.2%

출처: 대학알리미

여기에 추가로 살펴볼 지표가 있습니다. 유지 취업률입니다. 대학이 졸업생을 이리저리 우겨넣고 취업률에 반영하는 꼼수를 부리기도 합니다. 등을 떠밀어서 창업을 시키거나, 선배들이 운영하는 작은 기업에 서류상으로만 등록하는 식입니다. 마음에 안 드는 기업에 억지로 들어가는 이들도 있고요. 이를 일부라도 걸러내고자 취업 후 1년이 지나도 그 회사에 다니는 가를 조사한 지표가 유지 취업률입니다. 유지 취업률 상위 30개 대학의 지표는 대략 80~90% 수준입니다. 전체 대학의 평균은 80% 미만입니다.

간략히 정리해보지요. 이번에 A학과에서 4년 과정을 끝낸 학생이 100명입니다. 이중 직장 생활을 시작한 이는 58명인데, 1년 후에도 그 직장에 남아 있는 이들은 46명입니다. 요컨대, 대학 졸업 1년여가 지난 이를 놓고, "걔 직장 잘 다니지?"라고 물어보면, 절반의 확률로 상대를 민망하게 할 수 있습니다.

특정 대학을 언급하고, 순위를 제시하지는 않겠습니다. 별의미가 없습니다. 약간의 차이가 있을 뿐입니다. 대학 졸업장이 일자리를 보장해주던 시대는 이미 끝났고, 앞으로 다시 오지도 않습니다.

공부, 직업, 은퇴
아무것도 보장되지 않는 사회

그럼, 일자리의 환경은 어떨까요? 제가 학부를 졸업하던 때, 지도 교수님께서 대학원 진학을 권하면서 해주신 얘기가 있습니다. 이름하여 인생 삼분론입니다. "교수님, 제가 대학원 가면 제 인생은 어떻게 되나요?"라는 질문에 관한 답변이었습니다. 20대 후반까지 대학원을 다니고, 대기업에 취업해서 50대 후반까지 직장에 있다가 은퇴하고, 80대 초반까지 살다가 떠나는 인생. 대략 인생의 각 3분의 1을 공부, 근로, 은퇴 후로 보낸다는 설명이었습니다.

"네가 직장에서 27~28년 근무할 텐데, 그러면 대략 서울 지역 아파트 2~3채는 손에 쥘 거야. 50대 후반에 은퇴해서, 그것 가지고 자식 좀 물려주고, 너 쓰고 하면서 살게 될 거다."

이런 말을 해주시는 교수님의 등 뒤로 선지자의 광채가 빛나는 듯했습니다. 그러나 애석하게도 지도 교수님의 인생 삼분론은 맞는 게 없습니다. 우리나라 사기업에서 근로자가 1차 은퇴하는 시기는 평균 50대 초반입니다. 그때까지 근무해서 서울 지역 아파트 2~3채를 손에 넣기는 불가능합니다. 제 친구 중에 아파트 3채를 가진 이가 딱 한 명 있습니다. 모두 부모님으로부터 물려받은 친구입니다.

그런데 여기서 미묘하지만 살펴볼 게 있습니다. 제 지도 교수님은 '은퇴'라는 표현을 썼는데, 어느 순간 1차 은퇴, 2차 은퇴, 3차 은퇴라고 표현합니다. 즉, 최초 은퇴 시기가 빨라지고, 그 후에도 재교육, 재취업을 두어 차례 반복하는 게 현실입니다. 한 직장에서 하나의 업을 수십 년 이어 가던 시대는 끝났습니다.

그렇다면 모아둔 재산이나 은퇴 후 연금으로 안정된 삶을 누리기는 가능한가요? 연금 개시 시점은 점점 더 뒤로 밀리고 있습니다. 아마도 제 경우에는 최소 70세를 넘겨야 연금을 받으리라 봅니다. '교수님, 인생 삼분론 다 틀렸잖아요?'라고 따질 생각은 전혀 없습니다. 30년 전, 제 지도 교수님뿐 아니라 그 누구도 세상이 이렇게 급변하리라곤 예측하지 못했습니다. 여기까지 읽으시고, '이제껏 그렇게 빨리 변했으니, 앞으로는 천천히 변하겠지'라고 생각하는 분들은 없으시겠지요.

일자리는 줄지만, 일거리의 다양성은 증가한다

대학의 취업 안전망이 뚫리고, 종신 고용은 사라지고, 연금은 점점 더 멀어지는데, 어찌하면 좋을까요? 다음 그래프는 1996년부터 현재까지 우리나라 명목, 실질 GDP 추이입니다. 여기서 명목 GDP는 한 해 동안 생산된 모든 재화와 용역의 시장 가치를 당해 연도의 가격으로 평가한 것입니다. 실질 GDP

명목 및 실질 국내총생산 추이

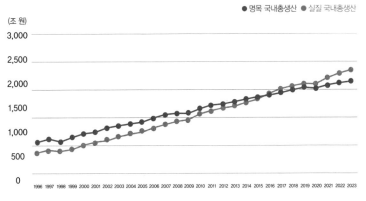

출처: 대한민국 전자정부 지표누리

는 명목 GDP에서 물가 상승률을 제거하여 산출한 것입니다. 예를 들어, A라는 상품의 가격이 1년 전에는 1,000원이었고 현재는 1,100원이라고 가정해봅시다. 명목 GDP 측면에서는 상품 가격이 1,100원으로 증가했기 때문에 경제 성장이 있었다고 볼 수 있습니다. 하지만 실질 GDP 측면에서는 물가 상승분을 제외하고 계산하므로, 실제 생산량에는 변동이 없다고 판단할 수 있습니다. 따라서 실질 GDP는 한 국가의 실제 경제 성장률을 파악하는 데 더 적합한 지표라고 할 수 있습니다.

두 지표 모두가 우상향, 지속적으로 상승하고 있습니다. 경제가 성장했다고 하지만, 물가가 올라서 나는 삶이 더 힘들어졌다고 말하는 이들도 있으나, 물가 상승을 반영해도 전체 경제 상황은 좋아지고 있다는 의미입니다. 일자리가 줄고, 개인 소득이 줄었다고 느끼는 분들이 있겠지만, 전체 노동자가 만들어내는 가치는 증가하고 있습니다. 단순히 보면, 내 일자리는 사라졌고, 내 급여는 제자리 같은데, 다른 쪽에서는 뭔가 좋아지고 있다는 의미입니다.

저와 잠시 함께 일했던 이가 있습니다. 30대 초반의 IT개발자입니다. 첫 직장에서 5년을 근무하다가 작년 초 자발적으로 회사를 나왔습니다. 여러 곳에서 스카우트 제의를 받았습니다. 저는 그가 어디를 갈지 궁금했습니다. 그런데 그는 프리랜서를 선언했습니다. '어딘가에 소속이 있어야 마음이 든든할 텐데'라고 생각하는 저는 역시 석유 인간인가 봅니다. 1년간 그가 일한 패턴은 이렇습니다. 동시에 서너 군데 기업에서 일을 받아서 처리합니다. 빠듯하게 일정을 관리하면서 움직입니다. 소득은 기존보다 훨씬 높아졌습니다. 여름이 되니 두 달을 내리 쉽니다. 태국 치앙마이에 있었다고 합니다. 거기서 온라인으로 소통하면서 가을부터 맡을 일을 협의했다고 합니다.

40대 전업 유튜버가 있습니다. 구독자가 10만 명 남짓입니다. 그 규모로 제대로 소득을 내기란 어렵습니다. 그런데 꽤 여유 있게 살아갑니다. 채널을 통해 강연, 컨설팅, 기고, 개인 상담 요청이 적잖게 들어온다고 합니다. "너는 직업이 뭐니?"라고 물어보니, "글쎄요. 자유인이라고 불러주세요"라고 답합니다. 옛 관점으로 본다면, 변변한 직장에 속하지 않은 40세 넘은 아저씨인데, 그의 말대로 정말 자유롭게 살면서 재미난 일들에 관여하고, 풍족한 삶을 누리고 있습니다.

이 책의 주제가 미래 교육이니, AI 분야도 살펴보겠습니다. 프롬프트 엔지니어라는 역할이 있습니다. 국내 언론사 뉴스 기준으로는 대략 2, 3년 전부터 등장했으며, AI가 사람과 대화할 때 더 잘 이해하고 대답할 수 있도록 도와주는 사람입니다. 마치 선생님이 학생들에게 질문을 잘하는 방법을 가르쳐주는 것처럼, 프롬프트 엔지니어는 AI에게 질문하고 대화하는 방법을 알려줍니다.

제 주변에도 그쪽 일을 하는 이가 있습니다. 나이는 20대 후반입니다. 일반인도 이름만 들으면 알 만한 국내 대기업 여러 곳과 일합니다. 몇 년 전에는 없던 일입니다. '프롬프트 엔지니어'란 타이틀을 직무, 일자리로 정해놓은 기업은 아직 드뭅니다. 그런데 그 일거리는 점점 더 늘어나고 있습니다. 해외 보도를 보면, 프롬프트 엔지니어의 1년 수입을 대략 4억 원으로 추산하고 있습니다.

기업의 채용 규모, 고정적 일자리, 일자리의 안정성 등은 점점 더 안 좋아지고 있습니다. 그러나 무언가를 해내고, 경제적 성과를 만들어내는 일거리의 다양성, 총량은 지속해서 증가하고 있습니다.

부품이 될 것인가
설계자가 될 것인가

교수 생활을 하면서, 학생 상담을 정말 많이 했습니다. 학부생 상담 결과를 모아서 책을 내기도 했습니다. 2017년에 냈던 《대학생활 고민 상담 매뉴얼》은 10년의 상담 사례를 묶은 책입니다.

상담에서 3, 4학년이 늘 던지는 질문은 이렇습니다.

"저는 어떤 회사에 가서, 뭘 하면 될까요?"

어떤 조직, 어떤 직무가 본인에게 맞느냐는 질문입니다. 딱히 이상한 질문은 아닙니다. 그런데 아쉽습니다. 혹시, 본인이 꿈꾸는 역할, 사회에서 풀어보고 싶은 소명이 특정 조직, 직무에 없다면 어떡하나요? 조직의 직무는 그 기업의 경영진이 미리 그려놓은 설계도 속 하나의 조각입니다. 큰 그림 속 작은 부품입니다. 제가 만난 학생들은 자기가 거기서 어떤 부품이 될지를 놓고 고민합니다.

지금의 부모 세대는 모두 자신의 일을 사회에서 찾았습니다. 그게 관습이 되고, 교육으로 자녀들에게 전이된 상황입니다. 그런데 요즘 직장은 어떤가요? 10년, 20년 유지되는 직무는 점점 더 줄어들고 있습니다. 한 직무 내에서도 새로운 기술의 등장과 함께 규모, 역할이 급변하고 있습니다.

미래를 살아갈 우리 아이들에게 필요한 혜안은 그려진 설계도에서 부품의 자리를 찾는 것이 아닙니다. 자신이 직접 설계도를 그려내는 역할, 설계자가 되어야 합니다. 물론, 힘든 요청입니다. 내신 등급, 수능 점수를 놓고 치열하게 객관식, 정해진 답을 빨리 찾는 훈련만 받아온 아이들이 설계자가 되기란 쉽지 않습니다.

쉽지 않지만, 포기하지 않기를 바랍니다. 우리 아이들이 개별 기업의 고용 정책, 경영 성과에 따라, 해마다 자기의 생계를 걱정하며 살지는 않았으면 합니다. 그러기 위해서 우리는 자녀들이 설계자, 일거리를 창조하는 이들로 성장하게 밀어줘야 합니다. 쉽지는 않습니다. 그러나 방법은 있습니다.

서울대 학위보다 중요해지는
채용의 조건

　　최근 대기업들은 정기 공개 채용을 줄이고 수시 채용과 경력직 채용을 늘리고 있습니다. 한국노동연구원의 보고서에 따르면, 대기업 100곳을 조사한 결과 공채 비중이 2019년 39.9%에서 2023년 35.8%로 감소했습니다. 반면 같은 기간 수시 채용 비율은 45.6%에서 48.3%로, 상시 채용은 14.6%에서 15.9%로 증가했습니다.

　　공채를 유지 중인 기업 중 약 20%는 올해까지만 공채를 실시할 계획이라고 합니다. 수시 채용을 함께 운영 중인 기업의 33.7%는 3년 내 공채를 폐지하고 수시 채용만 진행할 예정이라고 하네요. 2019년 신입 비율은 47%였지만 2022년에는 40.3%로 줄었고, 경력직은 41.4%에서 46.1%로 늘었습니다. 신입 채용은 감소하고 경력직 채용은 증가한다는 의미입니다. 18~39세 청년 1,010명을 조사한 결과 77.3%가 신입 취업이 어렵다고 느끼고 있었습니다.

공채가 줄어드는 원인에는 기업의 경영난, 환경 변화도 크게 영향을 주지만, 다른 요인도 있습니다. 기업 경영이 정밀하게 바뀌기 때문입니다. 100명을 뽑아서, 한꺼번에 배치하는 것이 아니라, 필요할 때마다 조금씩 뽑겠다는 접근입니다. 검증할 데이터, 이력이 충분한 이들을 놓고 선별해서 뽑겠다는 접근입니다.

희망퇴직, 권고 퇴직이
앞당겨지는 배경

입사하기가 이렇게 어려워지고 있는데, 들어가서는 어떨까요? 금융권의 경우 2023년부터 희망퇴직 연령대가 30대까지

내려왔습니다. 기업이 내세우는 취지는 이렇습니다. 제 2의 인생을 준비하는 구성원에게 새로운 기회를 빨리 주고 싶다고 합니다. 어떤 기업은 입사 후 5년이 경과한 직원부터 희망퇴직을 받기도 합니다. 추세상으로는 희망퇴직, 실질적으로는 권고 퇴직의 시점은 여러 산업군에서 점점 더 앞당겨질 전망입니다.

기업이 공채를 줄이는 이유, 권고 퇴직 시점이 당겨지는 배경을 데이터의 관점에서 살펴보겠습니다. 저와 협업하는 기업들에게서 최근 몇 년 전부터 증가하는 현상이 있습니다. 유명무실하게 유지하던 연봉제를 진짜 연봉제로 전환하는 것입니다. 연봉제를 온전히 하려면, 조직은 구성원 각각의 역량, 성취를 면밀하게 파악해야 합니다. 연봉 차이의 근거를 서로 납득할 수 있어야 합니다.

과거에는 어떠했나요? 제가 사기업에 다니던 시절에는 매해 한 차례의 인사 고과가 있었습니다. 지금 근무하는 대학도 그렇기는 합니다. 평가 등급을 비슷하게 받은 두 구성원이 있다고 가정합시다. 서로 잘 모를 때는 판단하기 어렵지만, 서로 잘 아는 사이라면 내가 상대방과 동일 등급의 평가를 받은 게 의아할 수 있습니다. '저 사람이 왜 나와 같은 평가를 받지? 나는 왜 평가가 이렇게 나왔지?' 하고 말입니다. 조직이 구성원의 역량, 성취를 제대로 평가하지 못하기 때문에 생기는 의문입니다.

AI 도입으로 기업 경영이 데이터화되면서 이런 의문이 깨지고 있습니다. 조직에서 구성원 각각의 역량, 성취에 관한 데이터를 방대하고 세밀하고 빠르게 수집합니다. 그런 데이터를 인간이 주관적으로 훑어보지 않고, AI를 통해 객관적이고 정밀하게 분석해서 판단 자료로 확보합니다. 물론, 최종 판단은 적어도 아직까지는 인간 경영자가 맡습니다. 요컨대, 기업은 구성원 각각을 입체적으로, 작은 오차로 파악할 수 있게 된 상황입니다.

실제로 구글은 AI를 활용해 채용, 성과 평가, 승진 등의 의사 결정에 활용하고 있습니다. 일례로, 구글은 채용 과정에서의 편견을 AI를 통해 25% 이상 줄였다는 수치를 제시한 바 있습니다. 아마존은 AI 기반 시스템을 활용해 직원의 생산성과 참여도를 모니터링합니다. 이 시스템은 직원의 작업 속도, 실수율 등을 실시간으로 추적하고 분석하여, 물류 센터 직원들의 생산성을 15% 이상 향상시켰다고 밝혔습니다. 마이크로소프트는 직원의 이메일, 회의, 업무 패턴 등의 데이터를 분석하여 생산성을 높이는 방법을 제안하고 있습니다. 화장품 기업 키엘은 이렇게 분석한 데이터를 직원 교육에 활용하기도 합니다. 분석한 데이터에 맞게 개인별로 학습할 내용을 회사 플랫폼에서 제안해줍니다. 세계적인 연구, 컨설팅 기업인 가트너에 따르면, 현재까지는 대략 대기업군에서 3분의 2 정도가 이런 변화에 큰 관심을 보이고 있습니다. 우리 아이들이 기업에서 활동할 때가 되면, 이런 접근은 모든 기업에 보편화되리라 예상합니다.

이공계보다 취업율 높은 사피 졸업생들

이런 상황에서 학벌의 위상은 어떻게 될까요? 오래전부터 지금까지 학생들이 외우는 주문이 있습니다. '서연고서성한중경외시', 이 주문은 뒤로도 꽤 길게 이어집니다. 혹시, 독자 중 어떤 분은 이 주문의 순서가 맞지 않다고 발끈할지도 모르겠네요. 일단 저는 이 주문을 전혀 신뢰하지 않습니다. 결론부터 말씀드리면, 저는 이 주문의 순서는 물론이고 대학이라는 기관의 위상이 크게 달라지리라 보고 있습니다.

어쩌면 이미 달라졌는지도 모릅니다. 특이한 교육 기관 한군데를 살펴보겠습니다. 삼성청년소프트웨어아카데미Samsung Software Academy For Youth. 줄여서 흔히 사피SSAFY라고 부릅니다. 사피는 삼성에서 2018년도부터 운영하는 교육 과정입니다. 대학교 졸업 후 취업하지 못한 청년을 선발합니다. 하루 8시간, 1년의 SW교육 과정을 무상으로 제공합니다. 교육 대상은 이 공계만이 아닙니다. 심리학과, 철학과, 어문계열 졸업자도 공부합니다. 매월 100만 원의 지원금도 줍니다. 공부에 매진하라는 배려입니다. 저는 2018년, 초기부터 이 프로그램의 자문 교수로 참여하고 있습니다.

2023년 말 기준으로 보면, 사피 과정에는 총 8기까지 5,831명이 수료했고, 그중 4,946명이 취업해서, 취업률은 85%입니다. 취업의 질도 매우 우수합니다. 좀 놀랍지 않습니까? 비이공계 전공자가 민간 교육 기관에서 1년을 공부하고, 괜찮은 기업의 IT 직군으로 취업한다는 점이. 삼성에서 배웠다고 해서 삼성 관계사 중심으로만 가는 것도 절대 아닙니다. 현대, LG, 카카오, 신한, 외국계 등 다양한 기업군으로 진출하고 있습니다.

왜 그럴까요? 데이터, 결과가 보이기 때문입니다. 교육 과정에서 교육생들은 다양한 프로젝트를 수행합니다. 학습 과정, 결과물에 대해 기업에게 보여줄 데이터, 양질의 자료를 충분히 확보합니다. 기업들은 그것을 보고 사피 졸업생을 뽑아갑니다.

재미난 현상이 있습니다. 일부 지자체에서는 "우리가 돈을 댈 테니, 그 프로그램을 우리 지자체에서 더 많이 열어주면 안 됩니까?"라고 묻습니다. 어지간한 대학의 공학계열 전공자보다 사피 졸업생의 취업률, 고용하는 기업의 만족도가 더 높게 나오기에 생기는 현상입니다.

경험이 학벌을
넘어서는 시대

저와 협업하는 모 IT 기업은 몇 년 전부터 지방대, 전문대 학생의 채용 비율을 급격하게 늘리고 있습니다. 대학 재학 중 외부 활동 기록, 인턴 과정 데이터를 정밀하게 분석해, 학교 간판보다는 개인을 객관적으로 바라보게 되었다고 합니다.

일례로, IT 개발자들의 경우, 깃허브GitHub 활동이 중요하게 평가됩니다. 전 세계적으로 많은 개발자들이 깃허브를 이용하고 있습니다. 깃허브는 우리 아이들이 학교에서 협동 과제를 하는 것처럼, 프로그래머들이 함께 모여서 코딩 프로젝트를 하는 웹사이트입니다. 깃허브에서는 각자 쓴 코드를 마치 구글 드라이브에 문서를 올리듯이 저장하고, 누가 어떤 부분을 고쳤는지 쉽게 볼 수 있습니다. 프로그래머들끼리 서로 피드백을 주고받을 수도 있습니다. 마치 우리 아이들이 숙제를 하면서 친구들과 의견을 나누는 것과 비슷합니다. 프로그래밍을 배우고 싶어 하는 아이들에게도 깃허브는 좋은 곳입니다. 전 세계의 많은 프로그래머들이 자기가 만든 코드를 깃허브에 공개하고 있어서 그렇습니다.

개발자들은 깃허브를 통해 자신이 개발한 코드를 공유하고, 자신이 참여한 프로젝트의 규모와 난이도, 기여한 내용 등을 보여줌으로써 자신의 역량을 증명할 수 있습니다. 실제로 많은 기업들이 깃허브를 통해 개발자들의 역량을 평가하고 있으며, 이를 바탕으로 채용 여부를 결정하기도 합니다. 예를 들어, 깃허브의 커밋Commit 수, 푸시Push 횟수, 오픈 소스 프로젝트 참여 여부 등을 확인하여 개발자의 열정과 노력, 기술력 등을 평가합니다.

여기서 커밋은 프로그래머가 코드를 수정하고 저장하는 것을 의미합니다. 우리가 워드 문서를 작성하다가 중간중간 저장하는 것과 비슷하죠. 커밋 수가 많다는 건, 그만큼 프로그래머가 코드를 자주 고치고 개선한다는 뜻입니다. 부지런하고 꼼꼼한 프로그래머일 가능성이 높죠. 푸시는 내 컴퓨터에 저장된 코드를 깃허브에 업로드하는 것을 의미합니다. 다른 사람들과 코드를 공유하기 위해서는 푸시를 해야 합니다. 푸시 횟수가 많으면, 다른 사람들과 활발히 소통하고 협업하는 프로그래머라고 볼 수 있지요. 오픈 소스 프로젝트는 누구나 참여할 수 있는 프로그래밍 프로젝트를 의미합니다. 보통 경력 있고 실력 있는 프로그래머들이 오픈 소스 프로젝트에 참여하죠. 그러니 오픈 소스 프로젝트에 참여한 경험이 있다면, 그 프로그래머는 인정받는 실력자라고 할 수 있습니다.

그래서 기업에서는 이런 지표들을 보고 프로그래머의 실력을 판단하는 거예요. 개발자들은 자신의 깃허브 활동을 적극적으로 관리하고, 꾸준히 업데이트하고요. 아직까지는 모든 영역에서 이런 현상이 나타나지는 않습니다. 그렇지만 빠른 속도로 퍼지리라 예상합니다. 그게 맞다고 보고요.

물론, 내신, 수능에 쏟은 학생의 노력이 무의미하지는 않습니다. 그러나 그것이 주문처럼, 문신처럼 남아서 사회 진출과 수십 년의 경력까지 좌우한다면, 이건 공정성뿐만 아니, 효율성 차원에서 큰 문제입니다.

능력을 증명한 자와
숨지 못한 자의 격차

역량, 성취가 확실한 이들은 이런 세상을 반기고 있습니다.

나를 증명하기가 쉬워졌다고, 학벌 만능주의가 저물어간다고 좋아합니다. 내가 수능을 잘 봤기에, 10년 전에 어떤 자격증을 땄기에 이런 대우를 받는 것이 아니라, 현재의 내가 사회적으로 내 가치를 온전하게 보여줄 수 있기에 대우를 받는다고 여깁니다. 긍정적으로 이 흐름을 받아들이고, 잘 풀려가는 이들의 자존감은 폭발하는 상황입니다.

2018년 인류학자 데이비드 그레이버가 쓴 《불쉿잡Bullshit Jobs》이라는 책이 있습니다. 불쉿잡이란 있어도 되고 없어도 되는, 쓸모없는 직업을 의미합니다. 이 책에서 저자는 많은 노동자들이 자신의 일이 쓸모없고 사회적 가치가 없다고 인식한다고 주장했습니다. 그레이버는 구체적 수치(20~50%)를 언급했는데 이에 관해서는 다양한 논쟁이 있습니다. 유럽 지역 대상의 다른 조사에서는 5% 내외로 나타나기도 했습니다. 수치는 정확하지 않으나, 자신의 일이 무의미하다고, 아무런 의미도 없이 월급만을 받기 위한 불쉿잡이라고 인식하는 근로자가 있다는 점은 확실합니다.

취리히대학의 사회학자 사이먼 왈로는 미국의 사례를 연구했습니다. 미국의 21개 직종에서 일하는 1,811명을 대상으로 설문 조사를 실시했는데, 응답자의 19%가 자신의 일이 사회에 긍정적인 영향을 미치거나 유용한 일이라는 느낌이 '전혀' 또는 '거의' 없다고 답했습니다.

여러분은 본인의 업에 대해서 어떻게 생각하나요? 업 전체가 아니더라도 본인이 맡은 직무의 일부가 혹시 불쉿잡이라고 생각하지는 않나요? 증명하기 쉬운 세상이라는 것은 노동자가 자신을 증명하는 것만을 뜻하지 않습니다. 조직, 기업에서 개별 직무의 가치를 파악하기도 쉽다는 의미입니다. 그 일을 누가 맡고 안 맡고를 따지기 이전에 그런 직무의 존재 의미를 데이터에 기반 하여 파악하기가 쉬워집니다. 조직은 직무의 가치를, 구성원은 나의 가치를, 서로 증명하기가 쉬워지는 세상입니다. 긍정적으로 본다면, 이제 불쉿잡이라고 본인의 업을 바라보는 이들의 비율은 극단적으로 낮아지리라 기대합니다.

하지만 좋은 점만 있지는 않습니다. 우리는 때로 근무 시간 중 밖에서 티타임을 갖거나, 출장을 갔다가 의외로 일찍 끝나서 해지기 전에 퇴근하기도 합니다. 그런데 데이터, AI가 직무 평가에 깊게 들어오면서, 우리가 직장 내에서 숨 쉴 공간은 점점 더 좁아집니다. 일례로, 매번 일을 따내야 하는 프리랜서라면, 가끔은 얼렁뚱땅 넘어가면서 일을 받는 상황도 있었을 텐데, 앞으로는 그런 행운은 점점 더 줄어들 겁니다. 너무 각박해지고, 기계적으로 세상이 돌아가는 느낌도 듭니다.

이 과정에서 우리 소득은 어떻게 될까요? 양극화가 더 심해지리라 봅니다. 능력을 증명한 이와 숨지 못한 자의 소득은 양단으로 점차 더 빠르게 갈라집니다. "내가 이번에는 고과에서 물먹었지만, 그래도 나 꽤 괜찮은 사람이야. 힘내자!" "이번 입찰에서는 안 됐지만, 운이 없었기 때문이야. 다음에 하면 되지!"라고 스스로를 다독이기도 어려워집니다. 인정할 수밖에 없는 평가일 테니까요.

저는 나를 증명하기 쉬워지는 세상, 동시에 숨을 곳이 없는 세상을 긍정이나 부정, 어느 한쪽으로 단정하지는 못하겠습니다. 제 역량을 넘어섭니다. 다만, 세상이 그렇게 변해가는 것만은 확실하다고 생각합니다.

의사, 회계사, 변호사···
가장 빨리 대체될 전문직

　돌잡이란 돌잔치 때 여러 물건을 아기 앞에 늘어놓고, 아기가 무엇을 잡느냐에 따라서 그 아이의 미래, 직업을 점쳐보는 것입니다.《정조실록》에도 기록이 되어 있다고 하니, 꽤 오래된 문화입니다. 실은 무병장수, 마패는 고위 관직이나 출세, 붓과 책은 학자나 교사를 의미합니다. 여기에 어느 순간 판사봉, 청진기가 꼈고, 최근에는 마이크(가수), 마우스(IT전문가), 게임기(프로게이머), 대본(연기자), 야구공(운동선수) 등도 등장했습니다. 현재 통계청 직업 분류가 1만 개를 넘은 상태이니, 돌잡이 물건이 얼마나 늘어날지 궁금하네요.

AI 관련해서 국내외 연구 기관들이 발표하는 숫자를 보면, 당장은 돌잡이 물건 개수가 늘어날 것 같지는 않습니다. IMF에서 조사한 바에 따르면 무려 전 세계 일자리의 40%가 AI에 위협받고 있다고 합니다. 보고서는 선진국의 경우 일자리의 60%가 AI의 영향을 받을 수 있다고 합니다. 약 절반은 AI 덕분에 생산성이 향상되지만, 나머지 절반은 AI로 대체가 가능하여 임금이 낮아지고 결과적으로 채용이 줄어든다는 전망입니다. 극단적인 경우에는 직업 중 일부가 사라진다고 주장합니다. 이외에도 다양한 숫자가 우리를 위협합니다. 60%가 아니라 80%가 위협받는다거나, 일자리 1,400만 개, 아니 3억 개가 영향을 받는다고도 합니다. 일단, 이 숫자는 모두 잊으시기 바랍니다. 왜냐고요? 사라지는 것만 얘기하기 때문입니다.

그래도 의사는 괜찮겠지요?

이런 숫자를 자꾸 접하다 보니, 부모들의 마음은 바짝 타들어가나 봅니다. 부모들은 무언가 확실한 것을 찾고 싶어 합니다. 제가 특정 지역에서 대중 강연을 할 때, 학부모님들이 은밀하게 던지는 질문이 있습니다.

"그래도 의사는 괜찮지 않을까요? 우리 아이를 의대에 보내려고 하는데, 그렇게 준비해도 될까요?"

여기서 그분이 언급한 우리 아이는 몇 살일까요? 제 경험상 10세 전후였습니다. 가장 어린 경우는 5세까지 봤습니다. 지금 10세인 아이라면 대략 10년 동안 준비해서 의대를 보내고, 의대 과정을 거쳐서 20대 후반쯤에 의사의 삶을 시작하는 플랜입니다. 거의 20년에 걸친 장기 플랜이죠. 일단, 그 부모님은 대단한 사람입니다. 저도 그렇지만, 여러분은 혹시 본인 삶에서 20년의 계획을 세워본 적이 있나요? 직장에 있다면, 그 기업은 혹시 20년의 계획을 짜고 있나요? 아니죠. 그렇기에 자녀를 놓고 20년 후를 걱정하는 분은 정말 대단합니다. 아이를 사랑하기 때문입니다.

아이를 사랑하는 마음으로 어렵게 꺼낸 질문이기에 저는 직설적으로 묻습니다.

"아이를 의대에 보내려는 이유가 솔직하게 무엇인가요?"

부모님들이 제시하는 이유는 몇 가지가 있는데, 그중에서 가장 중요한 가치는 경제적 안정성이었습니다. "솔직히 말해서, ROI 때문이죠"라고 답한 분도 있습니다. 여기서 ROI는 'Return On Investment'의 약자로, 투자 수익률을 의미합니다. 투자한 금액 대비 얼마나 수익을 얻었는지를 백분율로 나타내는 지표입니다. 예를 들어, 무언가에 1,000만 원을 투자해 200만 원의 순이익을 얻었다면 ROI는 20%가 됩니다. 아마도 그 부모님은 경제, 투자 관련 파트에서 일하는 분 같았습니다. 개원할 때까지 10억 원을 투자해서, 의사는 정년이 없으니 대략 40년을 일해서 100억 원(순이익은 아니지만)을 번다고 가정한다면, 꽤 높은 ROI가 될 겁니다. 그렇게 높은 ROI가 내 아이의 미래에도 유지가 될지를 물은 것입니다.

저는 이상한 계산, 나쁜 질문이라고 보지 않습니다. 사회적 가치, 개인의 소명 등도 있겠으나, 경제적 계산도 중요하니까요. 그래서 솔직하게 답합니다.

"의사라는 직업에는 여러 의미, 숭고한 가치가 있으나 경제적 안정성만을 놓고 본다면 쉽게 말해서 수입만 놓고 본다면, 앞으로는 지금보다는 많이 안 좋아질 것 같습니다. 인간 수명이 증가하고 전체 인구가 고령화되면서 건강에 관한 투자는 증가하겠지만, AI와 기계가 인간 의사 역할을 빠르게 보조하거나 일부 영역에서는 대체하면서 의사의 소득은 감소할 것으로 전망됩니다. 제 아이라면, 경제적 가치만을 놓고 본다면 저는 그

진로를 권하지는 않겠습니다."

절반 이상의 부모님은 좀 당황합니다. 아무리 그래도 우리 아이가 살아갈 세상까지는 그렇게 빠르게 바뀔 리가 없지 않겠냐고 반문합니다. 정말 그럴까요?

한국은행은 〈AI와 노동 시장 변화〉라는 보고서를 발표했습니다. 이 보고서는 "AI 특허 정보를 활용하여 직업별 AI 노출 지수를 산출한 결과, 우리나라 취업자 중 약 314만 명(전체 취업자 수 대비 12%)이 AI 기술에 의한 대체 가능성이 높다"라는 놀라운 내용을 담고 있습니다. 직업별 AI 노출 지수는 '현재 AI 기술로 수행 가능한 업무가 해당 직업의 업무에 얼마나 집중되어 있는지를 나타내는 수치'인데, 분석 결과를 살펴보면 대표적인 고소득 직업인 일반 의사, 전문 의사, 회계사, 자산운용가, 변호사 등이 AI 노출 지수가 높게 나타났습니다. 즉, 그런 직업들이 AI에 의해 크게 흔들린다는 의미입니다.

상상도 못한
직업의 역사

그럴 리가 없다고 생각하나요? 직업이 그렇게 쉽게 바뀌는 게 아니라고 보시나요? 퀴즈 하나 풀어보시죠. 다음 중에 존재하지 않았던 직업은 무엇일까요?

A. 자동차보다 앞서 가면서 수동으로 헤드라이트를 비춰주는 사람

B. 망토와 양동이를 들고 다니면서, 야외에서 이동식 변기를 제공하는 사람

C. 귀족의 새 신발을 신고 길들여 편하게 만드는 일을 하는 사람

D. 엘리베이터를 수동으로 조작해서 운전하는 사람

정답은 무엇일까요? 재미난 사실은 제가 자동차 관련 기업에서 강의하거나 자문할 때 재미 삼아 이 질문을 던지면, 상대방은 매우 확신에 찬 목소리로 A를 고릅니다. 왜 그렇게 확신하느냐고 물으면, 자신이 자동차 업계에서 꽤 오래 일했지만, 그런 직업에 관한 얘기를 들어본 적이 없다고, 그 직업이 말이 되냐고 반문합니다. 그런데 A는 영국에 존재했던 직업입니다.

영국에는 붉은 깃발 법Red Flag Act이 있었습니다. 1865년에 제정된 법률로, 자동차의 운행을 규제하기 위해 만들어졌습니다. 이 법의 주요 내용은 다음과 같습니다.

1. 차량 앞에는 최소 55미터 이상 떨어진 곳에서 붉은 깃발을 들고 걷는 사람이 있어야 한다.

2. 붉은 깃발을 든 사람은 차량의 접근을 경고하기 위해 깃발을 흔들어야 한다.

3. 차량의 최고 속도는 시골 지역에서는 시속 4마일(약 6.4km/h), 도시 지역에서는 시속 2마일(약 3.2km/h)로 제한된다.

4. 운전자는 차량 뒤에 운전자 이름과 주소가 적힌 명판을 부착해야 한다.

5. 차량은 최소 3명의 승무원(운전자, 기관사, 붉은 깃발 담당자)이 운영해야 한다.

특히 초기에는 야간 운행을 금지했다가 나중에는 야간 운행을 일부 허용하되 붉은 깃발을 든 이가 횃불이나 랜턴을 반드시 들도록 했습니다. 밤길을 밝히라는 것이었죠.

그렇다면 B는 어떨까요? B는 중세 프랑스, 영국 등에 존재했던 직업입니다. 오늘날 화장실을 뜻하는 영어 단어가 toilet인데, 이는 중세 프랑스어 toile에서 유래했습니다. toile는 천, 커튼을 의미합니다. 볼일을 볼 때 가리던 천이 화장실이 된 셈입니다.

중세 시대 이동식 화장실

　C, D도 모두 존재했던 직업입니다. 수천 년 전이 아니라, 수백 년 이내에서 존재했다가 사라진 직업입니다. 인간 역사에서 직업은 끝없이 탄생, 소멸, 변화해왔습니다. 앞으로는 어떨까요? AI는 그 과정을 무지막지하게 가속할 것입니다.

'꿈의 직업' 순위가
말해주는 것

　이런 상황에서 현재 우리 아이들은 어떤 직업을 원하고 있을까요? 다음 표를 살펴보고, 그 순위에 어떤 의미가 담겨 있는지, 먼저 각자 생각해보면 좋겠습니다.

2023년 기준 학생 희망 직업 상위 10위

순위	초등학생	중학생	고등학생
1	운동선수	교사	교사
2	의사	의사	간호사
3	교사	운동선수	생명과학자 및 연구원
4	창작자(크리에이터)	경찰관/수사관	컴퓨터 공학자/소프트웨어 개발자
5	요리사/조리사	컴퓨터 공학자/소프트웨어 개발자	의사
6	가수/성악가	군인	경찰관/수사관
7	경찰관/수사관	최고경영자(CEO)/경영자	뷰티 디자이너
8	법률자문가	배우/모델	보건 · 의료 분야 기술직
9	제과제빵원	요리사/조리사	최고경영자(CEO)/경영자
10	만화가/웹툰 작가	시각디자이너	건축가/건축 공학자

출처: 교육부 · 한국직업능력연구원

　"이 희망 직업 순위는 학생들의 꿈과 현실 사이의 간극, 그리고 성장 과정에서의 가치관 변화를 보여주는 흥미로운 자료입니다. 초등학생들의 선택은 주로 TV와 미디어에서 비춰지는 화려하고 멋진 직업에 쏠려 있습니다. 운동선수, 가수, 크리에이터 등이 대표적이죠. 의사나 교사도 순위권에 있지만, 어릴 때는 구체적인 직업 정보보다는 선망의 대상이 되는 유명인에 대한 동경이 직업 선택에 큰 영향을 미치는 것 같습니다.

반면 중학생이 되면 교사와 의사가 꾸준한 인기를 얻는 가운데, 경찰, 군인, CEO 등 사회적 권력과 영향력을 가진 직업에 대한 선호도 나타납니다. 컴퓨터 공학자나 디자이너같이 미래 유망 직종에 대한 관심도 생기는 걸 볼 수 있죠. 이는 자아 정체성이 형성되고 현실적인 고민이 시작되는 시기의 특징을 반영한 것 같네요.

고등학생 순위에서는 학생들의 진로에 대한 현실 인식이 더욱 뚜렷해집니다. 간호사, 생명과학 연구원 등 의료/과학 계통 직종이 상위권에 포진한 건 취업 전망과 안정성을 고려한 결과로 보입니다. 교사에 대한 꾸준한 선호, 경찰과 CEO에 대한 관심도 인상적이에요. 뷰티 디자이너의 등장은 외모와 미용에 대한 사회적 관심을 반영하는 듯합니다.

전반적으로 의사, 교사, 경찰 등 인기 직종은 학령기를 관통하는 '국민 직업'인 셈인데요. 공무원에 대한 선호는 과거에 비해 약해진 것 같습니다. 반면 예전 초등학생은 꿈꾸기 어려웠던 크리에이터나 웹툰 작가가 희망 직업으로 등장한 건 시대상을 반영한 변화입니다.

다만 이런 순위가 학생 개개인의 소질과 적성을 반영하지는 못합니다. 사회적 인기나 취업난에 편승해 직업을 고르기보다는, 학생 스스로 깊이 있는 탐색을 통해 적합한 진로를 찾도록 안내하고 지지하는 게 중요하겠죠. 아이들이 행복한 삶을 위해, 자신의 가치관과 재능에 맞는 길을 개척할 수 있게 돕는 건 어른들의 역할일 것입니다."

제가 제시한 해석, 어떻게 생각하시나요? 이 해석은 인간의 편집이 1%도 가미되지 않은, 100% AI의 결과물입니다. 순위표를 클로드Claude 3 Opus라는 AI에 입력해서 받은 결과입니다. 제 생각과 별반 다르지 않습니다. 만약, 제가 직접 의견을 풀어냈다면, 좀 더 민감한 부분을 건드리고, 욕을 먹었을 가능성도 있겠네요. 솔직히 말해서, 그런 상황을 피하고 싶었습니다. 그리고 AI의 성능, 수준을 보여드리려는 의도도 있었습니다.

AI 시대
최고 연봉 직업은 무엇일까?

저는 앞의 글에서 언급한 '상위 10위', 전부 바뀌리라 봅니다. 클로드는 이 표를 '사회적 인기나 취업난에 편승해 직업을 고른 결과'라고 해석했습니다. 그 해석이 맞다면, 앞으로 AI에 의해 사회적 인기 분야, 취업난이 가중되는 분야가 모두 바뀔 것이기 때문입니다.

이쯤까지 읽으시면, 답답하고 짜증날 수 있습니다. 그래서 뭐가 어떻게 되는 거냐고 반문하고 싶어질 겁니다. 일론 머스크는 훗날 인류는 노동에서 벗어난다고 주장합니다. 정확히는 먹고살기 위해 의무적으로 하는 노동을 모두 AI, 로봇이 대신 해주고, 인간은 취미로 일부 노동에 참여하리라 주장합니다. 꿈같은 얘기로 들리나요? 저는 일정 부분 공감하지만, 단기간에 벌어질 상황은 아닙니다.

우리가 지금 직업이라고 부르는 것들을 놓고 보면, 개별 직업 내 역할, 직업에 대한 경제적 대가는 빠르게 바뀔 것입니다. 조직 내부 관점에서 보면, 직무가 재설계된다는 의미입니다. 예를 들어, 자동차 유통 분야에는 자동차를 판매하는 영업직이 있습니다. 이미 자동차 영업직은 그 역할이 급변하고 있습니다. 고객들이 대면해서 상담받고 구매하는 비율이 낮아지고 있습니다. 온라인에서 정보를 찾고, AI 에이전트에게 도움을 받는 형태로 바뀌고 있습니다. 자동차 영업직이 사라지지는 않으나, 그 직무를 맡은 이의 숫자, 직무 내 역할, 직무에 따른 보상은 바뀌고 있습니다.

그리고 일부 직업은 아예 사라지는 수준까지 변합니다. 전화 교환원이라는 직업이 있었습니다. 전화를 걸면, 교환원이 일일이 상대방을 수동으로 연결해줬습니다. 1900년대 초반부터 대략 70여 년 동안 존재한 직업입니다.

지금은 완전히 사라진 직업입니다. 물론, 그 자리에 새로운 직업이 등장했지요. 통신 회사에서 자동 교환 시스템을 관리하고 유지 보수하는 기술자들이 등장했습니다. AI 책에서 전화 교환원이라니, 너무 관련이 없어 보이나요? 통신 회사의 자동 교환 시스템은 인간이 하던 업무를 자동화해준 셈입니다. 우리는 그런 기계에 지능이 있다고 보지는 않습니다. 그렇다면, 그런 기계가 없던 시절, 그 역할을 해주던 사람은 지능이 없었나요? 지능을 단순하게 활용하던 부분을 기계가 대체한 것입니다. 그리고 이제 지능을 복잡하게 활용하는 영역까지 기계가 밀고 들어오고 있습니다. 따라서 사라질 직업은 많이 나타날 겁니다.

그러나 낙담할 필요는 없습니다. 전화 교환원이 사라진 자리에 관리, 유지 보수 기술자가 등장했듯이, 새로운 직업은 계속 생겨납니다. 고정적 일자리가 아니라 앞서 언급한 일거리 형태로도 다양하게 폭발할 것입니다. 이유는 이렇습니다. AI를 통해 사회는 급변합니다. 급변하는 사회에는 늘 새로운 수요가 발생합니다. 그 수요를 해결하는 과정에서 인간의 참여가 필요하고요. 다만, 그렇게 해서 새롭게 등장할 직업의 명칭을 뭐라고 부를지, 언제, 얼마나 생길지는 솔직히 말해서, 그 누구도 장담하기 어렵습니다.

AI와 협업하는 시대
아이에게 필요한 역량

가장 현실적인 질문이면서, 답변하기 가장 난감한 질문이 있습니다. 제가 AI 관련 강연을 할 때면, 특히 교육이나 직무 변화에 관해 강연할 때면, 꼭 들어오는 질문입니다.

"교수님, 다 좋은데요. 그래서 AI 시대 최고 연봉 직업은 뭔가요?"

어려운 질문에 관해 풀어보겠습니다. AI를 연구, 개발, 서비스하는 직업군이 지금보다 증가할 것은 뻔합니다. 새롭게 개발된 기술이고 사회적 쓰임새가 증가할 게 당연하니까요. 그렇다면 우리 아이들이 AI 알고리즘 연구, 프로그램 개발자, 컨설턴트, AI 관련 법 전문가 등이 되면 될까요? 의미가 있다고 생각합니다만, 다른 일자리, 일거리의 변화에 관해 좀 더 집중할 필요가 있습니다.

여기서 언급한 다른 일자리란 AI를 통해 영향을 받는 산업에서 발생하는 변화와 관련됩니다. AI가 다양한 산업에 적용되면서 기존 직무가 자동화되고 효율성이 높아집니다. 그러면서 AI와 협업하는 새로운 일자리가 생겨납니다. 예를 들어, 의료 분야에서는 AI가 진단과 치료를 보조하는 역할을 하겠지만,

최종 판단이나 환자와의 소통은 여전히 의사의 몫일 것입니다. AI와 협력하여 더 정확하고 신속한 의료 서비스를 제공하는 의사가 높은 평가를 받게 됩니다. 금융권에서도 AI가 데이터 분석, 투자 전략 수립, 고객 서비스 등에 활용되겠지만, AI의 결과를 해석하고 의사 결정에 반영하는 건 금융 전문가의 역할이고요. 즉, AI에 대한 이해와 금융 도메인 지식을 겸비한 인재가 각광받을 것입니다. 교육 분야에서는 AI를 활용해서 맞춤형 학습을 설계하는 교사가 더욱 주목받을 겁니다.

결국, AI 시대에는 '사람만이 할 수 있는 일'에 대한 가치가 높아질 것입니다. AI가 보조를 하겠지만, 무언가를 직접 다양하게 경험하고(탐험력), 그 과정에서 문제를 발견해서 고민하고(질문력), 다른 사람이나 AI와 협력하며 소통하고(교감력), 실행에 관한 최종 판단을 내려서 책임지고(판단력), 큰 틀을 새로 짤수 있는 사람(적응력). 이 책의 3장에서 다룰 탐험력, 질문력, 교감력, 판단력, 적응력을 중심으로 인간 고유의 역량을 갖춘 인재가 주목받게 됩니다. 따라서 우리 아이들에게는 특정 기술보다는 이런 5대 역량을 키워주는 것이 더욱더 중요합니다.

AI로 대체할 수 없는
인간만의 가치를 찾아라

더 생각해보지요. 만약 AI를 탑재한 로봇이 피겨스케이팅을 한다면 어떨까요? 김연아 선수를 모델링해서, 김연아 선수의 다양한 동작을 그대로 따라 하고, 심지어 공중에서 10회전을 한다면 어떨까요? 손흥민 선수를 모델링한 AI 로봇이 나타나서 축구 경기를 뛴다면요? 아마도 처음에는 신기해서 관심을 끌 겁니다. 그러나 밤을 새워가면서 그 로봇의 경기를 보거나, 감동을 받아서 마음이 뭉클해지거나 하는 경험은 하지 못할 겁니다.

왜 그럴까요? 내가 생물학적으로 인간이란 존재이기 때문이죠. 아무리 기술이 발전해도 변하지 않을 부분입니다. 나도 인간이고, 저 사람도 인간인데, 어쩜 저렇게 우아한 동작을 할까, 어쩜 저렇게 잘 뛰고 멋진 슛을 쏠까, 저런 기술을 연마하는 과정에서 그는 어떤 삶을 살았을까, 지난번에 다쳤는데 회복도 덜 한 상태로 저렇게 뛰는 게 괜찮을까, 우리는 김연아 선수와 손흥민 선수를 보면서 이런 감정을 품잖아요. 그러나 AI 로봇에게는 그렇지 않습니다.

그렇다고 해서, 자녀에게 운동선수를 권하라는 의미는 아니고요. 다른 예를 보자면, 상담사는 어떨까요? 인간이 가진 복잡한 고민, 갈등에 관해 상담하는 AI 챗봇이 있다고 생각해봅시다. 지금도 그런 챗봇이 있기는 하죠. 그런 챗봇이 인간 상담사를 100% 대체할 수 있을까요? 저는 절대로 아니라고 봅니다. 기능, 기술, 지식적인 부분은 AI 챗봇을 통해 해결하면 편하죠. 그러나 인간 내면의 문제를 그렇게 해결하기는 어렵습니다. 내가 모르는 사람이겠지만, 상담사가 진심을 갖고 내 얘기에 귀기울여주고, 내 고민을 마음으로 공감해주고, 대화 과정에서 서로 연결되었다는 느낌을 받을 때, 우리는 위안을 받고 해결책에 다가가잖아요. 즉, 인간의 마음이 연결되는 부분, 정서적 교감이 필요한 영역에서는 AI가 발달할수록 오히려 인간의 가치가 더 희소성을 갖게 됩니다.

예술은 어떨까요? AI가 그림, 음악을 뚝딱 만들어내니, 이제 필요가 없을까요? 실제 제품 포장에 쓰이는 도안, 티셔츠에 올라가는 그림 등을 AI로 만들어서 쓰는 기업들이 늘고 있기는 해요. 빨리 만들고, 낮은 가격에 쓰이는 예술 영역에서 AI를 잘 쓰는 이들의 활동 영역이 점점 더 넓어질 겁니다. 그러나 AI에게는 자신만의 이야기, 정체성이 없습니다.

우리는 고흐, 바스키아, 프라다 칼로 등의 예술가를 좋아하는데요. 왜 그럴까요? 정신적 고통과 가난 속에서도 열정적으로 그림을 그렸던 고흐, 가출과 마약 중독을 겪었지만 그래피티에서 영감을 받아 독특한 작품을 만들어낸 바스키아. 작가가 품은 삶까지 우리에게 함께 다가옵니다. 앞서 '사람만이 할 수 있는 일'을 언급했는데, 여기서는 '사람끼리 통하는 무언가' 정도로 결론을 맺겠습니다.

정리해보면 이렇습니다. AI 자체를 만드는 사람(공학에 한정되지는 않음), 기존 산업에서 AI를 잘 활용해서 일하는 사람, 운동 · 상담 · 예술 등 기계가 아닌 사람이기에 감동을 주는 영역에서 일하는 사람, 이런 이들이 주목받을 겁니다. 이 과정에서 우리가 지금은 이름 붙이지 못한 직업, 통계청 편람에도 없는 직업이 무수히 쏟아져 나올 거고요. 아직 이름 붙이지 못한 직업이니, 그 직업의 이름이 뭐냐고 묻지는 말아주세요. 다만, 이 책의 2~5장에서 설명할 내용들을 읽고 차분히 준비한다면, 새로운 이름이 붙은 직업을 마주했을 때 두렵지 않을 겁니다. 오히려 기회라고 느껴질 겁니다.

교실 수업의 변화는
시작되었다

정부는 2025년부터 순차적으로 AI 디지털 교과서를 도입할 예정입니다. 이 디지털 교과서는 단순히 종이 교과서를 디지털 기기로 옮겨놓은 전자책은 아닙니다. AI를 활용해서 학생과 상호 작용하며 개인별 맞춤 학습을 지원하려는 접근입니다. 예를 들어, 학생의 학습 데이터를 AI가 분석해서, 자주 틀리는 문제를 중심으로 주요 개념을 다시 설명하거나 비슷한 문제를 제시합니다. 또한 학습 목표를 어느 정도 달성했는지 점검하고, 학생의 강점과 약점, 학습 태도와 이해도 등을 종합하여 교사, 학생, 학부모가 활용할 수 있게 보고서를 제공합니다.

그러나 일각에서는 AI 디지털 교과서의 효과를 놓고 의문을 제기합니다. 2022년 서울시교육청이 시작한 '디벗' 사업의 사례가 이를 보여줍니다. 디벗은 서울 시내 중학생들에게 태블릿 PC를 무상으로 지급하는 정책이었으나, 많은 학생들이 이를 학습 용도보다는 게임 등에 오용하는 문제가 발생했습니다. 이에 따라 유해 사이트 차단 프로그램을 강화하고, 초등학생의 경우 학교에서만 사용하도록 하는 등 개선안을 내놓았지만, 학부모들은 여전히 불만을 제기하고 있습니다.

AI 디지털 교과서의 핵심 장점으로는 맞춤형 학습이 꼽힙니다. AI가 학생 개개인의 수준에 맞춰 학습을 지원하여, 교사 한 명이 동일한 교과서로 가르칠 때 발생하는 학습 격차를 줄일 수 있다는 주장입니다. AI 디지털 교과서가 학생 수만큼의 '조교' 역할을 할 수 있어서, 교사는 학생들의 다른 역량을 키워주는 데 집중할 수 있다는 주장입니다.

하지만 AI 디지털 교과서의 효과에 대한 의문은 여전히 남아 있습니다. 미국에서도 디지털 기기로 개인화 학습을 시도한 사례가 있지만, 성공적인 결과를 얻지는 못했습니다. 마크 저커버그 메타 CEO가 자금을 지원한 '서밋Summit' 프로그램은 학생들이 노트북으로 수준별 퀴즈를 풀고, 교사는 특별 프로젝트와 상담에 집중하는 방식이었습니다. 그러나 학생들은 이런저런 불편함을 호소했고, 학부모들은 자녀의 개인 정보 보호 문제를 우려했습니다. 결국 몇몇 학교에서는 디지털 학습 도구를 거부하는 사태가 벌어졌습니다.

요약해보면, AI 디지털 교과서의 장점으로는 학생 개인별로 공부 과정에 관한 데이터를 분석해서 수준별 맞춤 학습을 제공하고, 개인적 답변과 피드백을 줄 수 있다는 것입니다. 단점으로는 AI가 학습에서 차지하는 비중이 커지면서 선생님의 개입이 줄어들고, 학생 개인 정보 보호의 문제가 발생하며, 사람과의 소통이나 깊은 사고 역량이 부족해지리라는 것입니다.

AI 디지털 교과서, 여러분은 어떻게 생각하시나요? 교사, 학부모, 연구자 커뮤니티에서는 기대와 우려가 맞서고 있습니다. 저는 이 책에서 AI 디지털 교과서의 미래를 단정하지는 않겠습니다. 다만, 현황을 정리해드리고 싶었습니다. 이미 정책은 시행되었습니다. 물론, 2025년부터 전면 시행은 아니고 교과, 학년 특성을 고려해서 순차적으로 시행될 예정입니다. 정부에서는 수년 이내에 사실상 종이책 교과서를 디지털로 완전히 대체한다는 전략이어서, 디지털 기기 활용 수업은 내년부터 점차 늘어날 수밖에 없습니다.

디지털 교과서
도입의 의미

교사, 학부모, 학생, 정책 담당자들은 전에 없던 거대한 변화와 마주해야 하는 상황입니다. 모두가 힘을 모아서 좋은 결과를 만들어야 합니다. 좋은 결과를 만드는 데 가장 큰 걸림돌은 뭘까요? 저는 디지털 교과서 자체가 아니라고 생각합니다. 입시 중심 교육이 문제입니다. 입시를 위해 우리 교육은 주입식으로, 짧은 시간 내에 객관식 정답을 찾아내는 훈련에 집중하고 있습니다. 이런 방법이 현행 대학 입시에서 최적이라고 보기 때문입니다. 입시가 바뀌지 않은 상태에서, 이런 도구를 교육 현장에서 취지에 맞게 쓸 수 있을지 의문입니다.

이상적인 입시의 방향성, 입시를 바꾸는 방법을 이 책에서 제시하지는 않겠습니다. 입시라는 난관이 있지만, 두 가지를 제안합니다.

첫째, 목적을 잃지 않으면 좋겠습니다. 디지털 교과서의 도입 목적은 무엇일까요? 현행 입시 중심 교육에서 점수를 더 잘 받을 수 있는 기회를 여러 학생에게 균등하게 주려는 것인지, 아니면 학생 개개인에게 진정으로 필요한 미래 역량을 키워주기 위한 것인지. 당연히 후자가 되어야 합니다.

둘째, 종이책이냐 태블릿이냐, 인간 교사냐 AI냐의 양자택일 문제가 아닙니다. 우리 교실에는 그 모든 게 공존해야 합니다. 태블릿은 종이책의 단점을 보완해주고, AI는 인간 교사를 도와주는 역할을 해야 합니다. 이분법으로 바라보고 움직이지는 않기를 바랍니다.

이 책을 집필하는 시점에서, 아직 디지털 교과서가 도입되지는 않았지만, 이미 꽤 앞서간 선생님들이 있습니다. 그중 한 분이 김규섭 선생님입니다. 초등학교 교사이면서, 교사들을 위한 학습 공동체인 '공부하자.com'을 운영하는 분입니다.

김규섭 선생님은 AI, 메타버스, 게이미피케이션 등 제가 연구하는 분야를 수업에 모두 적용하고 있습니다. 물리적 현실에서 시간, 돈, 공간이 부족해서 하기 어려운 것을 메타버스에서 합니다. 일례로, 마인크래프트를 가지고, 영화 창작 수업을 하거나, 마을의 발전 방안을 학생들이 직접 만들어보게 합니다. 메타버스 내에서 학생들이 다양한 직업을 체험하게 해주고요. 학생들이 직접 동화책, 웹툰, 진로 관련 영상 등을 만들게 하는데, 보조 교사나 외부 전문가의 도움을 받기 어려운 부분을 AI를 통해 해결합니다. 이 모든 과정을 놀이처럼 꾸며서, 뒤로 빠지거나 잠자는 아이들이 없게 만들어냅니다.

뭔가 기술적인 것들을 많이 쓴다고 해서, 아이들끼리 상호

작용이 줄거나, 교사의 역할이 사라지는 상황은 아닙니다. 아이들은 오히려 이런 수업을 통해 서로 더 많은 의견을 나누고 도와야 합니다. 선생님은 아이들이 그런 도구를 통해 경험하는 것들을 섬세하게 관찰하고, 다양한 피드백을 주는 역할을 하고요.

제가 동료 교수에게 김규섭 선생님의 활동을 얘기했더니, "그분 과하게 열심히, 앞서가시네요"라고 얘기합니다. 재미난 표현입니다. '과하게'라는 표현에서는 경외감, 불안감이 동시에 느껴집니다. 그런 수업을 하기에는 주변 환경, 시스템이 충분하지 않을 텐데 대단하다는 경외감, 반발도 있고 시행착오도 많을 텐데 괜찮겠냐는 불안감이라고 생각합니다.

제가 전체 교사 대상으로 조사를 해본 적은 없고, 그런 통계 자료도 없으나, 이런 선생님들이 곳곳에 많이 보이는 것은 사실입니다. 앞서 언급한 '공부하자.com'만 살펴봐도, 가입자가 1,300명이 넘습니다. 이런 접근이 점점 더 확산되는 상황입니다. 올 학기 초에 어떤 중학교는 선생님들께 진도 계획, 평가 계획에 디지털 기기 활용 요소를 넣으라고 했다고 합니다. 디지털 기기를 잘 활용해서 수업하는 교사들을 발굴해 지원한다는 취지입니다. 그리고 작년부터 이런 정책과 관련된 교사 연수들이 엄청나게 많아진 상황입니다.

디지털 교과서 전면 시행에는 시간이 걸리겠지만, 교육 현장에 이런 변화의 바람은 시작되었습니다. 선생님들이 수업에서 디지털 기기 활용을 점점 더 늘려간다면, 학생들도 디지털 기기 활용 능력을 높여야겠지요. 이는 디지털 기기를 더 많이 써야 한다는 뜻이 아닙니다. 종이책, 디지털 기기, AI 도구 등을 융합해서 효율적으로 잘 활용해야 한다는 뜻입니다. 이런 변화 방향, 대응 방법을 부모님도 알고 준비해야 합니다.

저는 AI 디지털 교과서, AI를 비롯해 다양한 에듀테크를 활용하는 수업을 그 자체만 놓고 좋다, 나쁘다로 가를 수는 없다고 생각합니다. 중요한 것은 기술, 기기가 아닙니다. 그걸 가지고 우리가 무엇을 추구할지, 겉으로 보이는 화려함이 아니라 진정 학생을 위한 배움을 어떻게 만들어낼지가 중요합니다.

대학 교육을 위협하는 무크 플랫폼

20대를 위한 교육은 어떻게 바뀔까요? 대학, 성인 교육 시장을 겨누고 활약하는 무크MOOC 플랫폼이 여럿 있습니다. 무크는 인터넷을 기반으로 다양한 주제의 교육 콘텐츠를 무료 또는 저가로 불특정 다수에게 제공하는 서비스입니다. 동영상, 게시판을 중심으로 운영되는 온라인 대학이라고 보면, 얼추 비슷합니다. 유튜브랑 비슷하냐고요? 그건 아닙니다. 대학 수업처럼 과목별 커리큘럼이 있고, 질의응답 게시판, 과제 등이 제공되며, 일정 기준을 넘어서면 간이 졸업장 같은 것을 주기도 합니다.

무크 중에서 규모가 제일 큰 곳이 코세라coursera입니다. 코세라 강좌를 수강하는 한국인은 70만 명이 넘습니다. 제가 근무하는 경희대학교의 학생 수가 3만 5,000명이 조금 안 되니, 숫자만 놓고 보면 저희 대학 학생 수의 20배가 넘는 규모입니다. 전 세계 가입자는 1억 명을 넘어섰습니다.

그런 코세라가 강좌에 자동 번역 서비스를 넣겠다고 발표했습니다. 물론, 지금도 강좌 하나를 여러 나라 언어로 자막을 통해 볼 수 있으나, 인공지능 투자를 확대해서, 그 질을 획기적으로 높인다는 선언입니다. 장기적으로는 음성, 입 모양까지 인공지능을 통해 다양한 언어에 맞게 바꿔준다는 계획입니다. 예를 들어, 미국 대학 교수가 영어로 수업을 하는데, 마치 한국인 교수가 수업하듯이 우리나라 말로 들리고, 입 모양도 맞춰준다는 거죠. 저도 코세라 강좌를 가끔 듣는 입장이어서, 수강생 입장에서는 참 반가운 소식입니다. 기술적으로는 지역 사투리까지 반영할 수 있습니다. 영국 교수의 수업을 충청도 사투리로 바꿔서 들을 수도 있습니다.

사실 코세라의 이런 전략은 그리 새롭지도 않습니다. 아마존, 테뮤, 넷플릭스 등 세계 시장에서 활약하는 유통, 콘텐츠 기업의 전략을 살펴보면, 본질은 코세라와 비슷합니다. 모든 제품, 서비스, 콘텐츠에서 벽을 무너뜨리고 있습니다. 국내 방송사는 미국 기업인 넷플릭스에게, 국내 유통사는 중국 기업인 테뮤에게 점점 더 많은 시장을 내어주고 있습니다. 코세라는 교육에서 국가, 언어, 제도의 벽을 허물려 합니다.

이제 한국의 대학교들은 교육 콘텐츠가 품은 본질 가치를 놓고, 넓고도 혹독한 세상을 마주해야 합니다. 전 세계 대학, 무크 플랫폼의 높은 파고와 맞붙어야 합니다. 집단주의 시대의 관습에서 벗어나지 못한 대학 시스템, 여전히 구호뿐인 혁신, 외국 대학 교수가 집필한 교재를 우리말로 옮겨서 설명하기에 급급한 수업, 학습자를 몰입시키지 못하는 전달식 수업과 그에 맞게 구비된 극장 형태의 강의실. 이런 것들을 짊어지고, 그 높은 파고를 넘어설 수 있을지, 마음이 무겁습니다.

대학 교수인 제가 마치 남의 일인 듯 얘기하는 게 이상하실 겁니다. 부끄럽고, 답답하지만, 현실을 직시하고 솔직하게 얘기해봤습니다.

대학이 살아남기 위해
해야 할 두 가지

AI 시대, 대학은 이렇게 바뀌어야 하고, 그렇게 바뀐 대학만
이 살아남게 될 겁니다. 딱 두 가지만 짚겠습니다.

첫째, 교수의 역할을 과감하게 바꿔야 합니다. 현재 대학에
서 교수는 주로 강의를 통해 학생들을 지도합니다. 미래 대학
에서 교수는 멘토, 촉진자facilitator, 데이터 분석가, 첨단 기술 활
용 전문가 역할을 해야 합니다. 생존하는 대학이라면, 그렇게
바뀔 겁니다. 삶과 학문에 관한 경험과 지혜를 바탕으로 인간
대 인간의 입장에서 학생들에게 조언하는 멘토, 학생들의 그룹
활동을 장려하는 촉진자, 학생들의 학습 이력을 분석해서 개인
화된 학습 경험을 디자인해주는 데이터 분석가, 이런 과정에서
학생들에게 필요한 첨단 기술을 소개하고 전수하는 첨단 기술
활용 전문가의 역할을 맡는 겁니다.

둘째, 학습 주제를 놀라울 정도로 바꿔야 합니다. 저는 대학
에서 근무하지만, 초등학생이나 중·고등학생들로부터 이메일
을 적잖게 받는 편입니다. 그런데 그들이 보내오는 이메일의
상당수가 자신이 공부하고자 하는 주제를 어느 교육 기관에서
어떻게 배울 수 있는가를 묻고 있습니다.

최근 변화의 속도와 학습 주제를 놓고 보면, 현재 대학의 변화 속도는 학생들의 기대보다 훨씬 느린 상태입니다. 대학의 모든 커리큘럼을 매 학기 뒤엎을 필요는 없겠으나, 과목명만 교체하고 내용은 10년 전과 같게 유지하는 방식은 곤란합니다. 앞으로 대학의 교육 과정에는 "그런 생소한 과목을 왜 배워야 하나요?"라는 의문을 일으키는 과목이 많아지고, 학생 본인이 여러 분야를 결합해 새로운 과목을 요구하는 상황도 빈번해질 겁니다. "교수님, 다음 학기에 'AI 로봇 심리학' 수업 오픈해주세요!"라는 식입니다.

교수가 저기 멀리 교탁에 서서, 10년 전 교재를 들고, 2시간을 혼자 떠들다 나가는 게 아니라, 학생 개인별로 동기 부여 해주고, 그룹 활동을 밀어주고, 개인별로 학습 경로를 잡아주고, 다른 데서 배우기 어려운 참신한 과목들을 제공해준다면, 그런 대학이라면, 한 번 더 입학하고 싶지 않을까요?

S사 채용 시스템

은결은 태린에게 매달렸다. 정확히는 화면 속 태린의 아바타에게 매달렸다.

"태린아, 이번 프로젝트에 나도 꼭 넣어줘. 부탁이야! 나 다른 팀에서도 밀려났어. 너희도 안 받아주면, 나 다음 라운드 못 갈 것 같아."

"그게, 나도 그러고는 싶은데, 팀 전체 성과가 달려서, 다른 팀원들 의견을…"

태린은 핑계를 대고 있었다. 은결을 넣어주고 싶은 마음은 처음부터 없었다. 덜떨어진 녀석을 팀에 넣어줄 필요는 없다고 확신했다. 은결과 태린을 포함한 1,000명의 20대 청년은 S사에서 두 달째 근무하고 있다. 정확히 말하면, S사가 운영하는 시뮬레이션 메타버스 속에서 두 달째 살고 있다. 실제 세상과는 시간 흐름에 차이가 커서, 실제 세상의 시간으로는 이제 5일 정도 지난 셈이었다.

시작은 김 교수가 개발한 농업시뮬레이터[*]였다.

"여러분, 이게 농업의 미래입니다! 이제 낯선 농작물을 새로운 환경에서 키운다고 해도, 걱정하지 마세요. 여기서 미리 농작물을 키워보면서, 실제 밭에 적용하면 됩니다. 시행착오 없이, 최고의 농작물, 높은 출하량을 만들 수 있습니다."

김 교수 연구팀은 AI 농업시뮬레이터를 완성했다. 메타버스 속 농장에서 가상으로 농작물을 재배하는 시뮬레이션 기계였다. 농업에 관한 방대한 데이터를 학습한 AI가 있기에 가능했다.

김 교수는 농업시뮬레이터를 다른 영역으로 확대하고 싶었다. 그래서 기업들이 직원을 채용하는 과정을 시뮬레이터로 개발했다. 시뮬레이터를 도입한 기업은 그 속에서 수백 명에서 수천 명의 채용 지원자들에게 3~6개월 분량의 일을 미리 시켜볼 수 있었다. 물론, 시간 흐름에 차이가 있어서, 지원자들이 실제 시뮬레이션에 참가하는 기간은 1~2주 정도였다.

"아직도 이력서, 서류 몇 장을 보고, 잠시 대화 나눠보고 사람을 뽑으십니까? 학력, 학점, 영어 점수, 자격증, 그런 게 무슨 의미가 있나요? 실제 일을 몇 개월 같이 해보면, 서류 너머의 실체가 보이잖아요?"

시뮬레이션은 S사의 현업에서 발생하는 다양한 상황을 모티브

---

[*] 농업시뮬레이터는 저자가 지도하는 대학원생이 연구하는 테마이다. 실험에서 성공적인 결과를 거두어 결과의 일부를 논문으로 발표하고, 현재 사업화를 준비하고 있다.

로 한 이벤트를 쉴 새 없이 이어갔다. 거래처와의 불편한 협상, 경쟁 업체와 고객을 놓고 치열하게 다투는 상황, 신제품 개발 과정에서 기술상 문제가 돌출되는 상황, 팀원 간 불화가 심해져서 프로젝트가 마비되는 케이스 등이었다.

　참가자들의 스트레스는 상당했다. 3개월간 업무, 테스트를 일주일에 몰아서 하는 셈이니 효율적이라 할 수 있지만, 어찌 보면 3개월 치 스트레스를 일주일간 다 받아내야 하는 상황이었다. 라운드를 제대로 끝내지 못한 탈락자, 스스로 중도 포기한 지원자, 1,000명 중에서 이미 342명이 시뮬레이션에서 튕겨져 나갔다. S사의 박 부회장은 시뮬레이션 현황판을 흐뭇하게 바라보며, 김 교수에게 말을 건넸다.

　"교수님, 이번에도 탐험력, 질문력, 교감력, 판단력, 적응력을 이렇게 한눈에 볼 수 있으니, 정말 편하고 좋네요. 매번 그렇지만 이거 참 신기합니다."

●　　　스토리에 쓰인 그림은 저자가 '달리3'로 생성한 것이다.

"이번에도 만족하셨다니, 다행입니다."

"경영진 입장에서도 좋지만, 직원들에게 설명하고 공유하기가 참 좋습니다. 모든 것을 이렇게 투명하고 공정하게 바라볼 수 있으니까요."

은결은 S사 시뮬레이션을 경험하기 전에도 L사, J사 시뮬레이션을 경험했었다. 그 경험을 통해 인증서를 받았고, 그게 은결에게는 인턴 경력 비슷한 효력이 되었다. 정직원의 문턱을 넘지는 못했지만, 그나마 근접했다는 평가. 그걸 발판 삼아서 S사 시뮬레이션에도 참여할 수 있었다. 시뮬레이션에는 자신의 출신 학교, 전공, 인종, 신체적 특징 등이 반영되지 않았다. 그저 하나의 아바타일 뿐이었다. 은결은 그게 좋았다. 숨 가쁘지만, 그래도 진정 평등하고 투명한 시스템이라고 생각했다.

드디어 7일의 시뮬레이션이 끝났다. 지원자들이 시뮬레이션 메타버스에서 3개월간 사투를 벌인 결과가 집계되었다.

"김 교수님, 이번에도 참 드라마틱했어요. 이거 말이 경력 시뮬레이션이지, 정말 어떤 드라마나 영화보다 흥미롭습니다. 그리고 이번에 이 친구가 참 눈에 들어오네요. 여기 이 친구 독특해요. 김은결, 이 친구요."

박 부회장은 김 교수에게 은결의 시뮬레이션 결과를 보여줬다. 은결은 중반 넘어서까지 고전을 면치 못했다. 그러나 후반부까지 포기하지 않고 노력해서 좋은 결과를 만들었다.

"네, 그렇네요. 이렇게 끝까지 포기하지 않고 저력을 발휘하는 인재가 S사에 필요하지 않을까요?"

박 부회장은 고개를 끄덕였다.

"부회장님, 다음 분기 해외 사업부 채용에도 AI 시뮬레이션 메타버스를 쓰실 계획이시죠?"

"네, 당연히 그래야죠."

"그렇다면, 제가 늘 말씀드리는 것이지만, 당부 아니 부탁드리고 싶은 게 있습니다."

"직원들, 특히 임원들이 혹시라도 시뮬레이션 시나리오를 외부로 미리 빼돌리거나, 데이터를 조작해서 일부 지원자에게 유리한 상황을 만들어주지 말라는 말씀이시죠? 그리고 시뮬레이션 결과에 지원자들의 프라이버시 정보가 들어 있으니 정보 보호에도 신경 써달라는 말씀이고요?"

"하하하, 맞습니다. 제가 괜한 잔소리를 할 뻔 했네요. 이제 저보다 부회장님께서 더 잘 아시는데요."

"아닙니다. 정말 중요한 부분이죠. 제가 잊지 않고 잘 챙기겠습니다."

김 교수는 부회장과 악수를 나누고 가벼운 마음으로 사무실을 나섰다.

2
장

우리 교육,
무엇이 문제이고 어떻게 해결할까?

쓰이지 않을 지식에
시간을 낭비하는 아이들

　1980년대, 고교 졸업자 수는 평균 67만 명 정도였습니다. 대학 진학자 수는 24만 명 정도로, 진학률은 35.9%였습니다. 2000년대 들어서는 등락이 있으나, 평균적으로는 대략 70~80% 정도입니다. 대학 진학률이 낮았던 1970~80년대에는 등록금이 중요했습니다. 시골에서는 소를 팔고, 도시에서는 집 보증금을 빼서 자녀들을 대학에 보냈습니다. 1980년대에는 참고서도 참 단출했습니다. 영어는 성문, 수학은 정석이라는 공식이 존재할 정도였습니다.

1989년 정부가 과외를 일부 허용하기 시작했고, 1991년 7월, 초·중·고교 재학생의 학원 수강을 전면 허용했습니다. 이때부터 학원가를 중심으로 아이들의 뺑뺑이가 시작되었습니다. 엄마가 선행 학습을 알아봐서 과외 선생님을 붙여주고, 학원 스케줄을 짜주는 고행이 빠르게 퍼진 시기입니다.

IMF가 끝나고 2000년대에 들어서면서 의대 열풍이 불기 시작했습니다. 그전까지만 해도 "서울대 공대 갈래? 지방대 의대 갈래?"라는 질문은 성립되지 않았습니다. 당연히 서울대 공대를 생각했습니다. IMF를 거치면서, 모든 직업을 불안하게 생각하기 시작했습니다. 안정성이 낮다고 보는 겁니다. 그러다보니, 라이선스를 줄 수 있는 직업을 갖고자, 이제는 별다른 고민 없이 지역 대학 의대로 쏠리는 세상이 되었습니다. 입시 목표가 의대로 통일되다시피 되면서, 오히려 머리는 더 아파졌습니다. 모두가 같은 목표를 향해 달리다 보니 경쟁이 더욱 치열해졌기 때문입니다. 100명이 10개의 목표를 바라보며 나눠서 뛰지 않고, 100명이 1개의 목표를 보고 싸우고 있으니까요.

점점 더 부모 노릇 하기 어렵다고 하소연하는 이들이 있습니다. 어느 세대가 더 힘들게 살았는가 따질 수는 없습니다. 모든 삶에는 그 삶대로 어려움이 있으니까요. 다만, 자녀의 학업 문제를 놓고 보면, 시대가 흐를수록 부모의 머리는 점점 더 아파지는 것 같습니다.

공부량 대비 효율 최하위권인 한국

부모가 많이 고민할수록 아이들은 더욱더 바빠집니다. 우리나라 15세 청소년은 일주일에 49.4시간을 공부합니다. OECD 국가들 중 최장 시간입니다. 핀란드와 비교하면 20시간, 일본과 비교하면 17시간이 더 깁니다. 사교육을 놓고 보면 격차는 더 커집니다. 우리나라는 사교육에 4.7시간을 쓰는 반면, OECD 대부분 국가의 사교육 시간은 1시간 이내입니다.

OECD 통계가 그렇게 눈에 안 들어오기는 할 겁니다. 그런 수치보다는 우리 아이와 같은 반 친구, 부모님 친구 자녀의 학습 스케줄, 성적이 눈에 먼저 들어오니까요. 결국, OECD 국가에 포함된 다른 나라 아이들과 경쟁하는 것이 아니라, 우리나라 아이들끼리 경쟁해야 하는 것이라고 생각하기 때문이죠.

그렇다면 성과는 어떨까요? PISA**Programme for International Student Assessment**를 살펴보겠습니다. PISA는 OECD에서 주관

하는 국제 학업성취도 평가 프로그램입니다. 2000년부터 시작되어 3년마다 시행되며, 만 15세 학생들을 대상으로 읽기, 수학, 과학 분야의 성취도를 평가합니다. 순위 결과에 대한 해석과 활용을 둘러싸고 여러 논란이 있습니다. 여기서 PISA를 언급하는 것은 그 시스템을 절대적으로 신뢰해서가 아니라 큰 틀로 상황을 짚어보기 위함일 뿐입니다.

국제 학업성취도 평가(PISA)의 한국 평균 점수

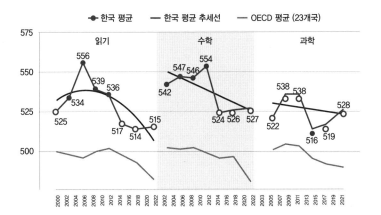

그래프에서 보듯이 우리 아이들의 성취도는 OECD 국가들 중에서 꽤나 높습니다. 1등은 아니지만 상위권입니다. 그런데 투자한 시간 대비 성취도를 계산하면 상황은 달라집니다. 예를 들어, 수학의 성취도를 수학 학습에 투자한 시간으로 나눠서, 단위 시간당 성취도를 계산해보면 순위는 최하위권으로 낮아집니다. 요컨대, 우리 아이들은 매우 비효율적으로 학습하고 있으나, 엄청난 시간을 투자해서 그 비효율을 극복하며, 성과를 내고 있습니다. 한번 상상해보시지요. 혹시 직장에서 매우 비효율적으로 일을 해서 분통이 터지는데, 주말까지 야근을 시킵니다. 그 결과 성과는 잘 나옵니다. 이런 상황을 놓고 임원들이 좋아한다면, 여러분은 어떤 기분이 들까요?

아이들 성적이 기대만큼 안 나올 때 우리는 공부량을 늘리기를 권하는 경우가 많습니다. 그러나 통상의 경우, 옳은 해결책이 아닙니다. 성적과 무관하게 우리 아이들은 이미 너무도 열심히 달리고 있기 때문입니다. 그래도 참으라고요? 비효율을 이겨내는 공부 방법, 그것이 확장된 게 우리의 기업 환경, 비효율적인 것을 감내하고 일하는 환경입니다. 그런 환경에서 우리 아이들이 계속 일하기를 바라지는 않으리라 믿습니다.

꿈꿀 시간이
없는 아이들

저는 기업체 임원들을 모아놓고 강연, 워크숍을 하는 경우가 많습니다. 20~30명의 임원을 모아놓고, 길게는 하루 8시간 워크숍을 합니다. 그때마다 묻는 질문이 있습니다.

"꿈이 뭔가요?"

대부분 임원이 당황합니다. 애들에게나 물어볼 질문이라고 생각하는 눈치입니다. 질문을 바꿔봅니다.

"새롭게 배우거나, 해보고 싶은 게 있나요?"

익명으로 물어봐도 밝고, 구체적인 대답을 내놓는 이들이 드뭅니다. 이유는 단순합니다. 주어진 것을 해내기에도, 쳐내기에도 숨찬데, 한가롭게 그런 것을 생각해볼 겨를이 없었다고 합니다. 강의실 조명을 낮추고, 잔잔한 음악을 틉니다. 몇 분간 아무것도 설명하지 않을 테니, 무언가 받아 적을 것도 없으니, 편하게 꿈꿔보라고 합니다. 시간이 좀 흐르면, 익명 답변란에 그들의 꿈이 조금씩 올라오기 시작합니다. 소박하고 따뜻한 꿈들입니다. 그들의 마음 깊은 곳에 아직 그런 꿈이 담겨 있음을 다행이라고 생각하며, 동시에 그런 소박한 꿈을 일상에서 온전히 꿈꾸지 못하고 있기에 안타까움이 느껴집니다.

리더란 무엇일까요? 조직을 통솔하고, 조직의 비전 즉, 나아갈 방향을 제시하는 존재입니다. 주어진 문제만을 쫓아다니면서 해결하는 존재가 아닙니다. 먼저 나서서 문제를 발견하고, 자신만의 해결책을 제시하는 존재, 능동적인 존재가 리더입니다. 자기 삶에 어떤 꿈이 담겨 있는지조차 온전히 들여다보지 못하는 이들이 그런 능동성을 보일 수 있을까요? 저는 어렵다고 생각합니다. 여러분은 우리 사회에서 리더의 위치에 있는 분들에게서 능동성을 느끼고 있나요? 저는 그렇게 느끼지 못하는 경우가 더 많습니다. 왜 그렇게 되었는지, 이유를 살펴보겠습니다.

일본 국립산업안전보건연구소가 2023년 발표한 연구입니다. 일본에서 1만 5,000명이 넘는 근로자를 대상으로 조사한 결과입니다. 결과를 보면, 한 달에 180시간 이상 근로할 경우 불안, 우울증이 높게 나타났으며, 205시간 이상 근로할 경우 활력이 부족하고 피로에 시달렸습니다. 그런데 안타깝게도 우리나라 근로자의 월 평균 근로 시간은 205시간이 넘습니다. 우울증, 피로 등은 인간을 수동적으로 만듭니다. 먼저 나서거나, 새로운 방법을 찾기보다는 당장의 상황을 회피하려는, 대충 덮기만 하려는 행동을 유발합니다. 점점 더 수동적인 사람이 되어갑니다.

우리 아이들도 마찬가지입니다. 아이들의 학습 시간도 월 205시간을 넘습니다. 그들은 겨를이 없습니다. 착하고 순한 아이들이기에 스스로 틈을 만들지 못합니다. 자신이 믿고 사랑하는 부모님이 제시한 목표를 따르는 것이 자신의 역할이라고 받아들입니다. 부모님 입장에서는 다행이라고 생각할 수 있습니다. 아이가 이상한 짓 하지 않고, 내가 계획한 대로 따라주니 말입니다. 그렇게 주어진 것만을 바라보며 달리는 시간은 점점 더 길어집니다. 초 · 중 · 고 시기만 합쳐도, 도합 12년을 그렇게 살아갑니다. 12년 동안 자신의 꿈, 개성, 판단을 지워버리고 지낸 이에게 능동적인 모습, 앞서 나아가는 리더의 모습을 기대한다면, 그건 너무 가혹한 바람, 비현실적 기대라고 생각합니다.

입시 교육이 키워낸 수동형 아이

부모님, 아이들, 안타깝게도 모두가 그렇게 무언가에 이끌려서 살아갑니다. 참으로 바쁘게 타인의 목표에 맞춰서 삽니다. 그런 자신을 놓고, 그래도 열심히 뛰고 있으니 잘하고 있다며 위안을 삼습니다. 그러다 어느 순간 아이가 눈에 들어옵니다. 세상에서는 능동적, 진취적, 도전적인 인재를 원한다는데, 아이를 보면 이게 바른길인지 의문이 듭니다. 자신의 미래, 꿈에 관해 능동적으로 생각하고 움직이지 않는 아이를 보면 조바심이 듭니다.

이럴 때 어떻게 하시나요? 부모님들은 더 적극적으로 개입하고 싶어 합니다. 무엇을 더 공부시키면 좋을지, 어떤 진로를 알려주면 좋을지, 부모님이 먼저 찾아보고 아이에게 밀어 넣습니다. 아이를 사랑하기에 그렇게 합니다. 그런데 냉정히 생각해볼 부분이 있습니다. 부모님들은 미래가 어디로 가는지 명확하게 보이시나요? 우리 아이들이 성인으로 살아갈 10년, 20년 후 직업, 산업, 경제가 어떻게 변할지 예측이 되시나요? 가혹한 얘기로 들리겠지만, 부모들은 지금 자신도 미래를 모르면서, 아이들에게 미래를 위해 이것 해라 저것 해라 밀어붙이고 있는지도 모릅니다.

"한국의 학생들은 하루 15시간 동안 학교와 학원에서 미래에 필요하지 않을 지식과 존재하지도 않을 직업을 위해 시간을 낭비하고 있다."

미래학자 엘빈 토플러의 말입니다. 우리 교육을 통렬하게 찔러댄 말이기에 마음이 아픕니다. 그런데 저는 쓰이지 않을 지식을 배운다는 점보다, 그런 교육 과정을 통해 우리 아이들이 점점 더 수동형 인간으로 다져지고 있다는 사실이 더 아픕니다.

기업이 가장 중요하게 꼽는
인재의 조건

　"지구에 엄청난 바이러스가 퍼졌습니다. 1년 만에 단 한 명의 생존자를 남긴 채 인류는 절멸했습니다. 불행인지 다행인지, 바이러스에 대한 면역 반응으로 마지막 생존자는 더 이상 늙지 않고, 병에 걸리지도 않는 불사의 존재가 되었습니다. 그 존재가 바로 당신입니다. 이런 상황이 당신에게 발생하는 시점은 정확히 현재로부터 2년 뒤입니다. 1년 뒤에 바이러스가 창궐하기 시작하고, 그 뒤로부터 1년 후 당신은 세상에서 유일한 인간으로 홀로 남습니다. 당신은 어떤 삶을 살아가겠습니까? 당신이 살아갈 삶의 이야기를 들려주세요."

제가 수업에서 학생들에게 자주 던지는 질문입니다. 초등학생 가족 캠프, 기업 임원 교육에서도 사용하는 질문입니다. 인간이 무엇을 원하지는 생각해보기 위한 질문이죠.

신기하게도 남녀노소, 직업의 종류를 떠나서 답변 내용이 비슷합니다. 초등학생 가족 캠프에서 이 질문을 꺼냈을 때, 한 아이의 답변은 이러했습니다. 가장 먼저 와이파이를 찾겠다고 합니다. 채팅방에 친구들이 살아있는지 확인해보고 싶다네요. 그다음에는 반려동물을 찾아보고 싶다고 합니다. 혼자 지내기 외로우니까요. 사람과 동물, 모두가 안 보인다면 어쩌겠냐고 물어보니, 일기를 쓰겠다고 합니다. 옆에 있던 아빠가 박장대소합니다. 지금도 그런 것 안 하면서, 거짓말하지 말라고 핀잔을 줍니다. 아이가 사뭇 진지한 표정으로 얘기합니다. 그때는 상황이 다르다고요. 자신이 인류의 마지막 사람이라면, 언젠가 나타날 누군가를 위해서라도 기록을 남겨야겠다고 합니다.

저 같은 학자들은 인간의 욕망을 10개, 16개, 25개 등으로 세분류하면서 이런저런 연구를 하지만, 저는 이 아이의 말에 인간의 중심 욕망이 나타난다고 봅니다. 바로 '관계'입니다. 사람 때문에 힘들고, 괴로워할 때도 있지만, 우리는 혼자 살아갈 수 없는 존재입니다. 그러기에 이런저런 관계를 맺으며 지지고 볶으면서 살아가죠.

소통 매체는 늘어가는데
대화는 사라져가는 현실

제가 지인이나 기업 임원들에게 가끔 묻는 게 있습니다. 최근 자녀와 마지막으로 나눈 카카오톡 대화가 뭐냐는 질문입니다. 잠시 생각하다가 이렇게 답변이 돌아옵니다. 일단 대화를 나눈 게 있는지부터 확인이 필요하다고요. 마지막 대화를 찾은 경우, 가장 빈번하게 나눈 대화는 이렇습니다. 자녀가 부모에게 무언가를 달라고 요청합니다. 용돈 또는 스마트폰 데이터를 보내달라고 하는 경우가 많습니다. 이때 부모가 데이터를 보내주면, 아이는 어떤 얘기를 대화창에 남길까요?

"엄마, 바쁘실 텐데, 귀찮은 부탁해서 죄송해요. 보내주신 데이터 잘 쓰겠고, 학원에서 공부 열심히 하고, 끝나면 바로 집으로 갈게요."

이렇게 답해오는 아이는 없습니다. 대부분은 용건이 끝났으니 무응답이거나, 이모티콘 하나를 보내는 정도입니다.

1990년대 중반까지만 해도 인터넷이 없었습니다. 그전까지 가족들은 저녁, 주말에 주로 TV 앞에 모여 앉았습니다. 배달앱, 배달 시스템도 지금보다 열악해서, 각자 무언가를 시켜 먹는 것은 상상하기 어려웠습니다. 미우나 고우나 함께 둘러앉아서 밥을 먹었습니다. 그러면서 우리는 이런저런 대화를 나눴습니다. 예전보다 부모 세대의 야근은 줄어들었고, 스마트폰을 필두로 소통할 수 있는 매체는 풍성해졌지만, 대화의 총량은 오히려 줄어들고 있습니다.

가족뿐만 아니라 친구들과도 마주 보며 길게 대화하기보다는 이모티콘(기호), 짧은 메시지를 통해 기능적 소통에 집중하고 있습니다. 앞서, 데이터를 받은 아이도 마찬가지이죠. 1기가 데이터를 받았으니, 기능적 볼일은 끝났습니다. 거기에 덧붙일 것은 없다고 생각하는 상황입니다.

관계 맺기 능력의 퇴화를 걱정해야 할 시대

기술이 더 발전하면, 이런 소통 상황은 어느 쪽으로 또 흘러갈까요? 국내 스타트업이 개발한 '효돌'이라는 로봇이 있습니다. AI 기술을 활용해 전 세계가 고민하는 노인 돌봄 문제에 관한 해결책을 제시했다는 점에서 좋은 평가를 받고 있습니다. 인형 형태의 로봇이며, 약 복용 시간 알림, 위급 상황 감지 등의 기능이 있고, 여기에 챗GPT를 접목해 노인과 대화도 가능합니다. 국내에서는 160개 지자체에서 1만 명의 노인이 효돌을 사용하고 있습니다. 저는 이 로봇 자체를 부정적으로 보지는 않습니다. 그러나 걱정은 됩니다. 이런 상상을 해봐서 그렇습니다. 몇 년이 지난 후, 1,500만 명의 노인이 각자 집에서 이런 로봇과 단둘이 살아가는 모습입니다. 있으면 도움이 되는 로봇임은 분명하지만, 사람 간의 관계를 포기하고 로봇만 끼고 사는 게 표준이 될까 봐 두려워서 그렇습니다. 이런 상황이 일부 고령층에게만 해당하지는 않습니다.

돌봄 로봇 효돌

출처: ㈜효돌 홈페이지

2024년 5월, 오픈AI사는 새로운 인공지능 모델인 GPT-4o 를 발표했습니다. 기존에 우리에게 익숙했던 챗GPT와는 글만 주고받았는데, GPT-4o는 사람과 대화할 때 얼굴이나 주변 상 황을 보고, 목소리를 듣습니다. 목소리도 있습니다. 사람처럼 음성을 통해 내게 답변합니다. 아파트나 지하철 안내 방송 같 은 건조한 목소리가 아닙니다. 빠르기, 어조, 감정 등이 묻어납 니다. 사람들은 '정말 인간 같다'라고 반응했습니다. 저는 그 표 현이 두렵습니다. 우리 아이들이 그런 기계를 인간의 대체품으 로 삼을까 봐 무섭습니다.

GPT-4o를 보면, 2013년에 개봉했던 영화 〈Her〉가 생각 납니다. 영화에서 주인공 테오도르는 인공지능 비서 사만다와 사랑에 빠집니다. GPT-4o는 영화 속 사만다와 참 닮은 느낌 입니다. 그런데 무서운 점은 영화 속에서 사만다가 등장하는 시기를 2025년으로 설정했는데, 그보다 한 해 빨리 현실에서 사만다가 등장했다는 것입니다.

최근 중국에서는 인공지능 챗봇을 애인처럼 대하는 젊은 층이 증가하고 있습니다. 24시간 소통할 수 있고, 내 비밀을 지 켜주고, 화내지 않고, 내가 세세히 맞춰주지 않아도 되고, 돈도 안 들고, 여러 가지 장점을 열거합니다. 제 주변에도 챗봇을 늘 켜두고 지내는 이들이 적잖습니다. 10대 청소년, 20대 대학생,

30대 소상공인, 40대 의사 등 다양합니다. 공통점은 혼자 보내는 시간이 많다는 것입니다. GPT-4o와 비슷하게 사람과 대화하는 느낌일 테니 나쁠 것 없다고 생각하시나요?

진짜 공감이 아니라, 공감하는 척을 해주는 존재와 관계 맺기에 익숙해진 사람들이 진짜 사람에게 더 가깝게 다가갈 수 있을지 걱정입니다. 이런 소통에서 기계는 우리에게 일방적으로 맞춰줍니다. 그것을 당장은 편하다고 좋아하는 것 같습니다. 나와 같은 존재인 사람, 그런 사람과 감정을 주고받는 능력이 퇴화하지는 않을지 걱정입니다. 이미 인터넷, 컴퓨터, 스마트폰 등의 등장과 함께 우리는 그 길을 걷고 있기 때문입니다.

공감 능력의 저하는 왜 위험한가

그렇다면, 청소년들의 공감 능력이 과거와 비교해서 실제 많이 달라졌는지 살펴보겠습니다. 미시건대학교 사회연구소는 1979년부터 2009년까지 1만 4,000명의 대학생을 대상으로 한 72개의 연구 결과를 메타 분석한 결과, 2000년 이후 공감 능력이 크게 감소했다고 밝혔습니다. 현재 대학생들은

20~30년 전 대학생들보다 약 40% 낮은 공감 능력을 보였습니다. 특히, 다른 사람의 관점을 이해하려는 노력, 불행한 사람들에게 관심을 가지는 공감적 행동이 크게 낮아졌습니다. 폭력적인 콘텐츠에 더 쉽게 노출되고, 너무 많은 정보와 미디어를 얕게 접하면서 상황을 깊게 들여다보고 사고하는 역량이 낮아졌다는 해석입니다.

공감 능력이 좀 떨어진다고 해서 뭐가 문제냐고 생각하는 분이 있을까요? 폭력적인 아이가 될 소지가 있습니다. 청소년들의 공감 능력과 타인을 학대하는 행동의 관련성을 살펴보겠습니다. 서울대병원 소아청소년정신과에서 발표한 연구입니다. 학교 폭력 가해자 집단, 그중에서도 정신병질을 보유한 이들에게서 공감 능력이 크게 떨어지는 것으로 나타났습니다. 타인, 자신의 고통 모두를 크게 느끼지 않는 이들이었습니다. 공감 능력이 떨어질 경우 장기적으로 학습 성과에도 영향을 줍니다. 교우 관계, 집단 학습 등에서 문제가 생기기 때문입니다.

그렇다면, 직장이나 사회생활에서는 어떨까요? 공감 능력이 높으면, 직장이나 사회에서 큰 성취를 이루는 데 도움이 될지 관련 실험을 살펴보겠습니다. 미국 카네기멜론대학교와 MIT 연구진 등이 공동으로 발표한 내용입니다. 실험에서는 272명의 피실험자들에게 사람들의 눈 사진을 보여주고, 복잡한 감정 상태를 평가하는 RME^{Reading the Mind in the Eyes} 테스트를 실시했습니다. 그리고 피실험자들을 여러 팀으로 나눠서 서로 협력하는 작업을 부여했습니다. 상대의 감정을 잘 읽어내는 이들이 타인과의 협력에서 높은 성과를 내는지 분석했습니다. 결과를 보면, 복잡한 감정을 잘 간파하는 이들의 업무 성과가 높게 나타났습니다. 흥미로운 부분은 한 공간에서 얼굴을 마주 보며 수행하는 업무에서뿐만 아니라, 디지털 기기를 활용해서 원격으로 협력하는 업무에 대해서도 RME 점수가 높은 이들의 성과가 더 높게 나타났습니다. 타인의 감정을 이해하는 관계 감수성이 높은 이들은 대면하지 않은 상태에서도 상대의 마음을 잘 읽고 자기 행동을 잘 결정한다는 의미입니다.

경영진들을 대상으로 조사해보면, 인재의 조건으로 협동력, 소통력이 좋은 사람을 꼽습니다. 협동력, 소통력이 좋은 성취를 내는 데 밑바탕이 되기 때문입니다. 그런데 아쉽고 두렵지만 우리 아이들은 점점 더 그 능력을 잃어가고 있습니다. 엄지손가락으로 현란하게 채팅을 보내고, 각종 이모티콘과 기호를 사용하고, AI 챗봇과도 소통하지만, 정작 내 마음을 섬세하게 표현하고, 상대의 마음을 깊이 있게 읽어내지는 못하는 사람이 돼가고 있습니다. 사회에서 인재라고 바라보는 이들과 반대로 자라나고 있습니다.

AI 시대에 적응하는 아이 vs 도태되는 아이

　한국언론진흥재단이 2022년에 발표한 자료에 따르면, 우리나라 초·중·고 학생의 하루 평균 인터넷 이용 시간은 8시간 정도입니다. 이전 조사와 비교하면, 3년 만에 2배가 증가한 수치입니다. 이 시간 중 상당 부분이 인스타그램, 트위터, 틱톡, 유튜브 등과 같은 소셜미디어와 스트리밍 플랫폼 이용에 해당합니다. 외국의 경우도 크게 다르지 않습니다. 2023년 기준, 영국 청소년은 하루 2시간을 틱톡에 썼습니다.

우리 아이들은 인터넷에서 세상을 배웁니다. 학교, 학원, 교과서를 통해 배운 것 말고, 아이가 무언가를 알고 있다면, 그 출처는 인터넷입니다. 구체적으로는 소셜미디어 또는 스트리밍 플랫폼입니다.

알고리즘은 아이들을 어떻게 바꿨나

아이들은 궁금한 게 있으면 인터넷에 입력합니다. 그리고 거기서 나온 결과를 답으로 받아들입니다. 예를 들어, 학교에서 동물 실험이라는 주제를 놓고 찬반 토론을 한다고 하면, 아이들은 지식인과 블로그에서 찬반 토론용 대본을 열심히 찾습니다. 찾으면 그 순간이 끝입니다. 이제 그 대본을 외워서 상대와 마주하면 되니까요. 물론, 상대도 나름대로 찾은 대본을 가지고 나올 겁니다. 두 아이의 토론이 아니라 두 검색 엔진의 토론이 되는 셈이죠.

제 조카를 보면, 제가 볼 때마다 유튜브를 보고 있습니다. 어떻게 그런 걸 다 찾아서 보냐고 물어보면, 찾을 필요가 없다고 합니다. 유튜브에만 들어가면 자기 취향에 맞는 볼거리가 끝없이 이어져서 나오니까요. 즉, 스트리밍 플랫폼은 이제 검색조차 허용하지 않습니다. 물론, 상단에 검색 버튼이 있으나 무용지물이란 말입니다. 스트리밍 플랫폼은 교묘한 알고리즘으로 아이의 탐색적 호기심을 차단해버립니다.

아이들이 인터넷과 보내는 시간은 알고리즘이 쏟아내는 정보를 멍하니 받아먹는 훈련을 하는 시간입니다.

"인터넷, 유튜브에서 얼마나 배울 게 많은데요! 여기 새로운 정보, 신기한 것 많아요."

제 조카도 그렇게 주장합니다.

정제되지 않은 콘텐츠를 무작위로 던져주는 알고리즘의 목적은 오직 하나입니다. 아이가 X 버튼을 누르지 않게 시간을 끄는 것입니다. 이 상황에서 우리 아이들이 진정 의미 있는 지식을 얻고, 온전히 세상을 바라보고 있을까요?

그들이 컴퓨터, 스마트폰 스크린을 통해 바라보는 것은 진정한 세상이 아닙니다. 빅테크의 알고리즘에 도움이 되는, 그들의 수익을 채워주기 위한 시청자 역할의 노동을 하는 것뿐입니다. 일례로, 유튜브에서 다루는 주제는 매우 방대하며, 각 주제별로 다양한 시각의 콘텐츠가 올라와 있습니다. 그렇게 보면, 유튜브는 편향된 플랫폼이 아닙니다. 하지만 우리 아이들이 유튜브를 시청하는 방식, 알고리즘이 시청을 유도하는 방식은 매우 편향적입니다. 하나의 주제에 관해 아이가 선호하는 내용만 계속 보여주어서, 사고를 한쪽으로 몰아가는 문제가 생깁니다. 즉, 전체 콘텐츠는 편향되지 않았지만, 우리의 시청 방식은 편향된 상황입니다.

특히, 아이들이 호기심으로 자극적, 부정적 콘텐츠를 우연히 보게 되었다가 점점 더 그런 콘텐츠에 끌려 들어가는 경우도 있어서 우려됩니다. 그리피스대학교 심리학과 연구팀에 따르면, 과도한 유튜브 시청이 어린이와 청소년들의 외로움과 불안감을 악화시킨다고 합니다. 유튜브의 알고리즘이 시청 기록을 바탕으로 폭력, 범죄, 자해, 자살과 관련된 불쾌한 콘텐츠를 사용자에게 추천할 수 있는 위험성이 있기 때문입니다. 우리 아이들을 해로운 콘텐츠의 토끼굴로 빠져들게 할 수 있다는 의미입니다.

인플루언서 바라기, 자아를 잃어가는 아이들

올더스 헉슬리의 소설 《멋진 신세계》를 보면, 사람들은 소마라고 하는 약물에 취해서 살아갑니다. 소마에 취해서 깊은 고민과 번뇌를 내려놓습니다. 소마가 사람들의 고민과 불안을 잠재웠듯이, 현대의 소셜미디어와 스트리밍 서비스는 아이들에게 비슷한 역할을 하고 있습니다.

알고리즘은 아이들의 관심사를 파악해 계속해서 관련 콘텐츠를 제공합니다. 이는 마치 소마처럼 끊임없이 즐거움을 주지만, 실제로는 깊이 있는 사고나 창의성 발달을 방해합니다. 어려운 과제나 스트레스 상황에 직면했을 때, 아이들은 쉽게 이 디지털 세계로 도피합니다. 이는 문제 해결 능력과 회복력 발달을 저해합니다. 소셜미디어에서 보여주는 완벽한 이미지, 포장된 이미지들은 아이들에게 비현실적인 기대를 심어줍니다. 자아 존중감 저하와 불안감 증가로 이어집니다. 온라인에 몰입하느라 실제 세계에서의 다양한 경험과 인간관계를 놓칠 수 있습니다.

어떤 분이 주장하더군요. 그래도 예전보다 아이들이 다양한 인물을 롤모델로 꼽는 것을 보면, 인터넷이 다양한 정보를 아이들에게 전달하고 있는 것 아니냐고요. 실제 학생들 대상으로 조사를 해보면, 유재석, 마동석과 같은 연예인, 황희찬, 김연경과 같은 운동선수, 여러 분야의 유튜버 등 롤모델을 다양하게 제시합니다. 역사적 인물이나 과학자는 이제 순위가 밀리고 있습니다. 저는 롤모델이 그렇게 바뀐 것을 나쁘게 생각하지는 않습니다. 그런 다양성이 좋다고 생각합니다.

특히 최근에는 아이돌보다 소셜미디어나 유튜브 인플루언서를 롤모델로 보는 비율이 높아졌습니다. 아이돌은 2020년을 정점으로 하향 추세입니다. 초등학생의 경우 한때 선호 직업 5위 안까지 올랐던 순위가 10위 밖으로 밀렸습니다. 인터뷰해 보면 이유가 명확합니다. 인플루언서는 더 빨리 더 쉽게 돈을 벌 수 있는데, 아이돌은 연습생 기간이 길고 데뷔 여부도 불투명해서 싫다고 합니다.

아이들의 의견이 잘못됐다는 것은 아니지만, 자칫 우리 아이들이 겉으로 드러나는 성공만을 동경하지는 않을지 우려됩니다. 롤모델의 성공 뒤에 숨어 있는 노력과 고난의 과정을 깊게 생각하고, 그 과정의 가치를 이해하기보다는 단순히 결과물만을 얻고자 하는 것이 우려됩니다.

이러한 태도는 결코 자신의 정체성을 형성하는 데 도움이 되지 않습니다. 자신만의 고유한 특성을 발견하고 키워나가는 과정을 거치지 않은 채, 단순히 겉모습만 모방하는 데 그치고 있습니다.

기술은 도구일 뿐
아이의 정체성이 답이다

AI가 인간의 지능을 따라잡고, 일자리를 위협하는 상황이니, 이제 인간이 아니라, 뛰어난 AI 기계를 우리 아이들의 롤모델로 삼아야 할까요? 일단 AI와 인간의 지능을 비교해보겠습니다. 지능이란 것은 매우 복잡한 개념이지만, 일반적으로는 학습, 업무에 넓게 쓰이는 능력을 측정하는 개념입니다. 그렇게 보면, 흔히 말하는 IQ 테스트를 AI에게 시킬 경우, 표준 IQ 테스트에서는 150~170점 정도로 측정되기도 합니다. 수학적 추론이나 패턴 인식 같은 특정 영역에서는 200을 넘기도 하고요. 여러분이 궁금할 것 같아서 수치를 언급했으나, 사실 큰 의미는 없습니다. 테스트 방식이나 AI의 종류에 따라 결과치가 달라지니까요.

그렇다면 우리 아이들의 고유 가치는 어디에서 나올까요? 저는 정체성에 있다고 생각합니다. 정체성이란 스스로 선택하고 실천한 삶의 결과물입니다. 삶을 바라보는 고유한 가치관, 이루고자 하는 신념과 목표, 그리고 자신만의 독특한 이야기가 모여 정체성을 형성합니다. 이는 단순히 철학적인 문제가 아닙니다. 정체성 없는 인간은 AI와의 경쟁에서 필연적으로 밀릴 수밖에 없습니다. AI를 온전한 도구로 활용하는 능력마저 갖추지 못합니다. 그런데 안타깝게도 우리 아이들이 점점 이러한 방향으로 나아가고 있는 것 같습니다.

이미 기업들은 구성원, 직원들을 그렇게 바라보는 것 같습니다. 많은 기업들이 인간 직원들을 내몰고 그 자리에 AI를 대체하려 하는 이유가 바로 여기에 있습니다. 단순 반복적인 업무나 정형화된 의사 결정은 AI가 더 효율적으로 수행할 수 있기 때문입니다. 즉, 정체성 없는 인간은 AI와 다를 바가 없기에, 단순하고 반복적인 업무에서부터 정체성 없는 인간을 몰아내고 AI를 꽂아 넣고자 하는 것입니다.

여기까지 읽고 나면 이런 궁금증이 생기실 겁니다. 그래서 부모로서 나는 아이에게 뭘 해줄 수 있지? 자신만의 정체성을 가진 아이로 키우려면 어떻게 해야 하지? 디지털 기기와 동떨어져 살 수 없는 시대에, 아이의 정체성 형성을 위해 AI 같은 새로운 기술을 활용할 방법은 없을까? 바로 미래형 교육에 관한 고민입니다. 이어지는 3장에서 이러한 질문에 답해보겠습니다.

과거의 성공 방식으로
아이를 키우지 마라

　　우리는 지금 인류 역사상 가장 빠르게 변화하는 시대를 살아가고 있습니다. 변화의 소용돌이 속에서 교육의 본질과 목적에 대해 깊이 고민해야 할 시점입니다. 본질과 목적을 그대로 둔 채 AI, 디지털 기기를 교육 현장에 쏟아붓기만 하는 것은 아무런 의미가 없습니다.

　　경영학, 산업공학에서 많이 다루는 주제가 있습니다. '최적화'입니다. 최적화는 기능, 성능을 극대화하면서, 원가를 최대로 낮추는 방법입니다. 싸게 좋은 것을 만들어내는 셈이니 나쁘지 않아 보입니다. 최적화는 전체 지식, 기술이 한눈에 들어올 때 해보기 좋습니다. 일례로, 내비게이션이 그렇습니다. 내비게이션 시스템은 전체 지도, 현재 교통량을 모두 알고 있습니다. AI를 활용해 이런 데이터를 계산하여, 최적화된 경로를 제시합니다. 운전자는 그 길만 믿고 따라가면 됩니다. 그런데 만약 전체 지도가 아니라, 일부만 있다면 어떨까요? 전체 교통량도 모르고, 교통량이 어찌 변할지도 모른다면 어떨까요? 이럴 경우 내비게이션은 무의미합니다.

100년 전이라면, 내비게이션 형태의 교육이면 충분했습니다. 지식의 총량이 한정되어 있고, 새로 연구되는 지식, 개발되는 기술도 매우 더디게 나타났으니까요. 그래서 전달식, 주입식 교육이 통했습니다. 완성된 전체 지도를 들고 학생들에게 가장 빠른 길을 안내했습니다. 하지만 지금은 어떤가요? 우리가 발 딛고 있는 지식의 영토는 끝없이 확장되고 있으며, 그 경계는 계속해서 흐려지고 있습니다. 더 이상 그 누구도 모든 것을 담은 완전한 지도를 가질 수 없습니다. 오히려 우리는 끊임없이 변화하는, 부분적으로만 그려진 지도를 들고 미지의 영역을 탐험해야 하는 상황에 놓여 있습니다. 이런 상황에서 기존의 최적화 전략은 그 의미를 잃어가고 있습니다.

더욱이 AI의 등장은 이러한 변화를 가속화시키고 있습니다. AI는 이미 주어진 데이터 내에서 최적의 해답을 찾는 데 있어 인간을 압도하고 있습니다. 그렇다면 이제 인간은 무엇을 해야 할까요? 단순히 AI를 피하거나 AI와 경쟁하는 것이 아니라, 우리는 AI가 아직 도달하지 못한 영역을 개척하고, 더 크고 자유로운 꿈을 꾸어야 합니다. AI와의 경쟁을 피하기 위한 제안이 아닙니다. 크고 자유로운 꿈을 꾸는 인간. 저는 여기에 진정한 인간다움이 있다고 믿습니다.

최적의 인생 경로는 없다

이러한 맥락에서 우리는 교육의 새로운 패러다임을 모색해야 합니다. 그것은 바로 '창조적 삽질'의 가치를 인정하고 장려하는 것입니다. 삽질이라는 표현이 좀 부정적으로 들릴 수 있습니다. 하지만 여기서 말하는 삽질은 단순한 시행착오가 아니라, 호기심과 열정을 바탕으로 한 자기 주도적 탐구와 경험을 의미합니다.

제 경험을 예로 들어보겠습니다. 저는 학부에서 로보틱스를, 대학원에서는 산업공학과 인지과학을 공부했습니다. 이는 전통적인 관점에서 보면 결코 효율적인 경로가 아닙니다. 저는 그저 제 호기심을 따라갔습니다. 실제로 저는 교수가 되는 과정에서 전공 불일치로 인해 많은 어려움을 겪었습니다. 산업공학과에 지원하면, "당신은 박사를 인지과학으로 받았으니, 심리학과에 가세요"라고 하고, 심리학과에 지원하면, "당신은 학부, 석사를 공학으로 했으니, 공대로 가세요"라는 말을 들었습니다. 미국 대학에 교환 교수를 신청할 때도 교육학과, 교육공학과에 가려다 보니, "이제껏 그렇게 다른 전공에서 온 한국 교수가 없었습니다"라는 식의 거절을 무수하게 받았습니다. 하지만 결과적으로 이러한 삽질은 저를 통섭적 인간으로 성장시켰고, 지금의 저를 만들어낸 근간이 되었습니다. 이러한 경험은 제 개인의 경우에 그치지 않습니다.

현대 사회에서 혁신적인 성과를 내고 있는 이들의 이력을 살펴보면, 전통적인 의미의 최적 경로를 따르지 않은 이들이 많습니다.

만약 여러분 자녀가 대학을 중퇴한 후, 갑자기 인도를 여행하며 동양 철학을 공부한다고 하면 어떨까요? 서체를 다루는 캘리그래피를 공부하겠다고 하고요. 훗날 그 아이는 혁신적인 제품 디자인과 사용자 경험을 창조하며, 역사에 남는 제품을 납깁니다. 아이폰, 맥북, 아이패드 등을 탄생시킨 스티브 잡스의 이야기입니다.

이 사람은 어떨까요? 대학에서 수학을 전공한 후, 평화 봉사단에 참여해 스와질란드에서 수학을 가르쳤습니다. 다시, 컴퓨터 과학 석사 학위를 받았습니다. 그리고 DVD 대여 사업을 시작합니다. 여러분 자녀가 이런 경로로 살아간다면, 불안하지 않을까요? 그는 DVD 대여업에 머물지 않습니다. 나중에는 인터넷을 통해 영화, 드라마를 스트리밍해주는 방향으로 사업 모델을 뒤집습니다. 2023년 기준으로, 방송 영역에서 그 회사의 한국 내 매출은 KBS, SBS에 이어서 3위입니다. 그 회사는 바로 넷플릭스입니다. 넷플릭스 창업자인 리드 헤이스팅스의 이력입니다. 넷플릭스는 혁신적 기업 문화로도 유명하지요. 그는 평화봉사단에서의 경험이 자신에게 모험심과 문제 해결 능력을 키워주었다고 말합니다. 리드 헤이스팅스는 전통적인 기업 운영 방식을 과감히 버리고, 무제한 휴가 정책, 높은 수준의 직원 자율성 등 전통 기업이 따라 하기조차 어려운 것들을 기업 문화로 정착시켰습니다.

BTS(방탄소년단)도 그렇습니다. 그들의 성공 스토리는 전통적인 K-pop 아이돌 그룹의 최적 경로에서 벗어나 있습니다. BTS는 대형 엔터테인먼트 회사가 아닌, 당시 무명이었던 중소

기획사 빅히트 엔터테인먼트(현 HYBE)에서 데뷔했습니다. 데뷔 초기부터 청소년의 고민, 사회 문제 등 깊이 있는 주제를 다루는 음악을 선보였습니다. 이는 당시 주류 K-pop과는 달랐고, 초기에는 대중적 인기를 얻기 어려웠습니다. BTS는 전통적인 미디어 노출보다 소셜미디어를 통해 팬들과 직접 소통하는 방식을 선택했습니다. 초기부터 한국 시장에 국한되지 않고 글로벌 시장을 겨냥했습니다. 특히 미국 시장 진출 방식에서 기존 K-pop 그룹들과는 다른 전략을 사용했습니다.

이렇게 반론할지도 모르겠네요. 스티브 잡스, 리드 헤이스팅스, BTS 같은 경우는 너무 예외적이고, 전체에서 극소수라고요. 저는 창조적 삽질을 하는 이들 모두가 스티브 잡스, 리드 헤이스팅스, BTS같이 세계적으로 유명한 혁신가가 되리라 주장하는 것은 아닙니다. 세상이 변해도, 배운 것이 무용해져도, 시련이 닥쳐도, 주변에서 인정해주지 않아도, 누구보다 먼저 자신을 굳건하게 믿고 길을 개척하면서 살아가는 존재가 되리라 주장하는 것입니다. 그런 존재가 되기 위해서 창조적 삽질이 필요하다는 주장입니다.

그런 존재가 살아가는 모습이 직장인, 소상공인, 프리랜서일 수도 있습니다. "지금처럼 그냥 학교 교육만 잘 따라가도, 직장인, 소상공인, 프리랜서로 살 수 있는 것 아니냐? 삽질은커

녕 우리 애가 학교 교육이라도 잘 따라가면 좋겠다"라고 반문하실지 모르겠네요. 저는 단언컨대, 그 길에 미래는 없다고 믿습니다. 사회의 가치 체계와 조직의 설계도가 수십 년 동안 변하지 않던 시절, 인생 경로가 통계청 직업 분류처럼 명확히 그려지던 시절에는 가능했습니다. 그러나 이제 그런 시절은 저물어갑니다. 그렇게 억지로 따라가기만 하는 이들은 학교 밖을 나오는 순간 안개 속에 갇힌 느낌이 들 겁니다.

부모 세대의 성공 공식은 무너지고 있다

전통적인 학습 경로, 최적화된 성공 방정식은 이제 무너지고 있습니다. 우리는 아이들에게 자신의 호기심을 따라 다양한 경험을 할 수 있도록 장려해야 합니다. 몇 년 늦게 가는 듯이 보여도, 당장의 성과가 눈에 띄지 않더라도, 그들이 스스로 선택한 길을 가도록 지원해야 합니다. 단기적으로는 비효율적으로 보일 수 있지만, 장기적으로는 AI 시대에 진정으로 필요한 창의적이고 통섭적인 인재를 키우는 길입니다.

더 이상 부모는 정답을 제시하는 사람이 아니라, 아이의 호기심을 자극하고 그들의 탐구 과정을 안내하는 조력자가 되어야 합니다. 실패를 두려워하지 않는 문화를 만들어야 합니다. 사실, 실패란 처음부터 존재하지 않습니다. 각자의 꿈에 다다르는 여정의 일부일 뿐입니다.

"창업했다가 실패했어요. 저는 기업가에 맞지 않나 봐요."

이렇게 낙담한 젊은 스타트업 창업가들에게 이렇게 말씀드립니다.

"창업은 시즌제입니다. 1시즌에서 망했지만, 2시즌에서 대박이 날지도 모릅니다. 대표님은 지금 성공을 향하는 긴 길을 가고 있을 뿐입니다. 몇 걸음 걸어가서 성공에 도달하지 못했다고 해서 낙담하지 마세요."

물론, 이렇게 변하기란 쉽지 않습니다. 오랫동안 우리 사회에 뿌리박힌 단기적 성과 중심의 사고방식, 빠른 결과를 요구하는 사회적 압박, 그리고 안정을 추구하는 인간의 본능적 욕구 등이 걸림돌이 됩니다. 이제 우리에게 필요한 것은 용기와 믿음입니다. 당장의 결과에 연연하지 않고, 아이들이 자신만의 길을 찾아갈 수 있도록 지원하는 용기, 그리고 그 과정이 더디고 때로는 혼란스러워 보이더라도 끝까지 기다려주는 믿음이 필요합니다. 그러면 그들은 자신의 삶을 들고 멋지게 춤추며 자라날 것입니다.

단절이 가능한 시대, 오히려 중요해지는 능력

'매너 로드'라는 게임이 화제에 올랐습니다. 2024년 5월 발표를 보면, 다양한 게임을 공급해주는 플랫폼 스팀steam에서 매너 로드는 매출 순위 2위에 올랐습니다. 그야말로 초대박이 난 게임입니다. 그 뒤를 소니(일본), 액티비전블리자드(마이크로소프트 산하 기업)의 게임들이 이었습니다. 많은 이들이 매너 로드 개발사를 궁금해했습니다. 그런데 놀랍게도 그렉 스텍젠이란 사람이 혼자 개발한 게임입니다.

원래 그의 직업은 영상 편집 프리랜서였습니다. 게임 개발에 관심이 생겨서, 게임 개발을 독학했습니다. 그리고 장장 7년에 걸쳐 혼자 개발하여 중세시대를 배경으로 하는 시뮬레이션 게임인 매너 로드를 완성했습니다. AI가 일상으로 들어온 후, 이런 사례가 간혹 보도되고 있습니다. 그러다 보니, 이렇게 생각하는 이들이 조금씩 보입니다. '이제는 직장에서, 사회에서, 마음 안 맞는 이들과 억지로 어울려서 일할 필요가 없겠네. AI 도구 활용해서 혼자 일하면 마음 편하겠다'라고요. 정말 그럴지 살펴보겠습니다.

AI 하고만
살 수 있을까?

저는 대학 시절 게임 개발에 심취해서 프로그래밍을 독학했습니다. 아르바이트를 해서 돈이 들어오면, 광화문 교보 문고 원서 코너에 가서 책을 사다가 공부했습니다. 당시는 인터넷 서점이 없었습니다. 그렇게 프로그래밍을 독학해서, 대학교 4학년 때 게임 개발자로 사회에 첫발을 디뎠습니다.

게임 개발에 빠져 있던 시기, 그때 들었던 매력적인 표현이 있습니다. '고독한 늑대'입니다. 늑대는 본디 무리 생활을 하는데, 매우 드물게 고독한 늑대라 불리는 늑대들이 장기간 혼자 생활한다고 합니다. 개발자들이 말하는 고독한 늑대는 혼자서 게임을 개발하는 이를 지칭하는 표현이었습니다. 앞서 말했던 그렉 스텍젠이 그런 셈이네요. 저도 한때 그렇게 살면 어떨까 꿈꾸기도 했습니다. 그런데 그게 거의 불가능하거나, 몹시도 어려운 길임을 깨닫는 데 오래 걸리지 않았습니다.

AI가 그림, 음악, 시나리오 등을 다 도와주니까 혼자서도 개발할 수 있지 않느냐고 반문할지 모릅니다. 그런데 개발한 게임을 사용자들이 좋아할지는 누구에게 물어보고, 어떻게 확인할까요? 게임의 제목이 적절한지, 기획이나 시나리오가 괜찮을지는 어떻게 점검할까요? 온전히 혼자서만 살아가는 고독한 늑대는 없습니다. 얼핏 혼자로 보이지만, 그 역시 주변 수많은 이들과 이리저리 얽혀서 살아가는 존재입니다.

기업에서 일하는 상황은 이미 달라지고 있습니다. 일례로, 기업에서 마케팅 부서의 일을 하고 있다고 가정합시다. 부서원이 10명입니다. 그러면 팀장급을 제외한 대부분 직업은 주로 부서 내부 사람들과 소통량이 많습니다. 제품개발, 영업부서 등과도 소통하지만, 그 소통량에 비해서는 부서 내부에서 함께 머리를 맞대고 아이디어를 내고, 데이터를 가공하고, 산출물을 만드는 작업에 몰두합니다.

　그런데 상황이 바뀌고 있죠. 부서원 각각이 AI 도구로 무장하기 시작했습니다. 옆사람과 함께하던 데이터 분석 작업을 이제 혼자 처리해도 너끈합니다. 외국에서 받아온 시장 동향 자료도 팀 내 막내가 번역, 정리해주기를 기다릴 필요가 없죠. 내가 직접 AI로 번역, 요약된 자료를 뽑아보면 됩니다. 이 상황에서 업무 연결성이 바뀝니다. 이제는 부서 내부 소통의 총량보다 부서 간 소통의 총량이 더 커집니다. 즉, 마케팅 부서원이 10명에서 5명으로 줄어들면서, 부서 내 10명이 소통하는 게 아니라, 부서 밖 5명도 소통에 낀다는 의미입니다. 물론 여기서 부서 밖 5명은 나와 배경, 업무가 다른 이들입니다. AI를 통해 개인이 전문가, 리더의 역할을 맡게 되면서, 소통의 반경이 오히려 넓어집니다. 비슷한 사람과의 소통은 줄고, 이질성이 상대적으로 높은 이들과의 소통이 늘어난다는 의미입니다.

교감하고 협력하는 아이로 키우려면

　소통과 협력을 피할 수 없는 상황에서 우리가 제일 먼저 취해야 할 것은 '인정'입니다. 우리가 교감에 서툴다는 것을 인정해야 한다는 의미입니다. 다음과 같은 실험을 살펴봅시다. 10쌍의 부부, 낯선 남녀 20명을 모집합니다. 각 부부, 임의로 짝을 지은 낯선 남녀들에게 스피드 퀴즈를 시킵니다. 종이에 쓰인 단어를 상대에게 설명하는 게임입니다. 부부와 낯선 남녀 중 어느 쪽의 퀴즈 점수가 더 높을까요?

결과를 보면, 두 집단에서 차이가 없습니다. 그런데 이런 실험을 하고 나면, 부부들끼리 말다툼을 하는 경우가 많습니다. "평상시에도 그렇게 느꼈지만, 왜 이 사람은 여전히 내 말을 못 알아듣지?"라며 분통을 터트립니다. 화내지 마세요. 상대도 같은 생각을 하고 있습니다. 이런 상황은 아이들도 마찬가지입니다. 학교, 학원에서 자주 마주하고, 개인 톡, 단체 톡, 온라인 게임 등을 통해 늘 연결되어 있는데, 서로 생각이 통하지 않는 경우가 적잖습니다.

우리는 물리적으로 공유하는 시간이 길면, 상대가 내 마음을 이해해주리라 믿는 경향이 있습니다. 이건 심각한 착각입니다. 10년째 쓰고 있는 밥솥이 있다고 해서, 그 밥솥의 공학적 작동 원리를 다 이해하지는 않잖아요? 버튼을 누르면 어떤 결과물이 나오는지만 아는 것입니다. 사람 간의 이해도 같습니다. 부부, 아이들 모두 시간을 공유하지만, 기능적 소통에만 집중하고 있기에 상대의 감정, 섬세한 언어나 행동 습관 등에 관해 놓치고 있는 부분이 많습니다.

제가 학교 수업, 기업 워크숍에서 참가자들에게 자주 시키는 작업이 있습니다. 인간의 감정 분류표를 보여주고, 최근 일주일 동안 제일 친한 친구(학생들의 경우), 배우자(기업체 임원의 경우)가 가장 많이 느꼈을 감정 3개를 적어보라고 합니다. 그리고 바로 카톡으로 상대에게 연락해서 스스로 감정 3개를 골라서 보내달라고 요청하라고 합니다. 내가 추측한 감정과 상대가 고른 감정을 맞춰보는 작업이지요. 잘 맞출까요? 결과는 앞선 실험처럼 처참합니다. 10명이 있을 경우, 감정 3개를 다 맞추는 이는 1명이 나올까 말까 합니다. 여러분도 배우자나, 자녀, 친구들과 직접 해보시기 바랍니다.

우리는 서로에게 서툽니다. 부모님, 선생님, 아이들 모두가 서툽니다. 그것을 먼저 인정해야 합니다. 온전히 소통하지 못하고 있음을 인정해야, 앞으로 나아갈 수 있습니다.

서로의 차이를 통해
배우게 하라

교감을 어디서, 누구에게 배우면 될까요? 유튜브를 통해 소통, 감정에 관한 강연을 찾아보면 도움이 될까요? 교감은 학교에서, 교사를 통해서만 배울 수 있는 역량이 아닙니다. 명사의 재미난 강연을 듣는다고 그 역량이 자연스레 쌓이지도 않습니다. 다양한 이들과의 연결, 소통을 통해 살아 있는 경험으로 체득해야 합니다. 나와 다른 경험, 지식, 철학을 갖고 있는 이들과 닿아보고, 그 과정에서 차이를 배우고 서로 맞춰가는 과정을 통해 그 역량은 늘어납니다.

이쯤에서 이렇게 반문할지 모르겠네요. 이미 나도 그렇고, 우리 아이들도 피곤할 만큼 많은 이들과 연결돼서 살아가는데, 그렇다면 충분히 그런 경험을 쌓고 있는 게 아니냐고 말입니다. 교감에 있어서 연결의 총량도 중요하지만, 그보다 저는 깊이에 초점을 두기를 제안합니다.

제가 교육부 요청으로 몇 년 전에 '토크 카드'라는 것을 개발했던 적이 있습니다. 초·중등 아이들이 토론할 때 쓰는 교구입니다. 교구라고는 하지만, 거창하지는 않습니다. 그 나이 때 아이들이 생각해보면 좋을 질문을 모아놓은 카드가 중심입니다. 이 카드를 활용해서 초등학생 가족 캠프에서 가족들이 이야기 나누는 워크숍을 했던 적이 있습니다. 저는 부모님과 초등학생 자녀 2명이 함께했던 가족의 테이블을 관찰했습니다. 초등학교 5학년 남자아이가 랜덤으로 뽑은 질문 카드는 이것이었습니다.

"당신은 사고로 갑자기 죽었습니다. 신god이 당신에게 죽기 전의 모습으로 세상에 돌아갈 기회를 준다고 합니다. 당신이 세상에 다시 돌아가야 하는 이유를 무엇이라고 말할까요?"

카드 내용을 보고, 부모님이 제 눈치를 살폈습니다. 아마도 아이가 아무 대답도 하지 않을 것 같아서 걱정하는 눈치였습니다. 아이는 잠시 뜸을 들이더니 입을 열었습니다.

"엄마, 아빠에게 요즘에 거의 말을 하지 않아서, 생각해보니, 내 마음을 잘 표현하지 않은 것 같아요. 세상에 다시 돌아가면, '고맙습니다'라는 말을 꼭 해주고 싶어요."

독자들에게 이런 질문 카드를 활용하라고 제안하는 것은 아닙니다. 핵심은 이렇습니다. 타인의 생각을 차분하게 들어주고 내 생각도 섬세하게 표현하는 과정, 타인의 긴 글을 읽고 나도 길게 내 생각을 정리하는 과정, 생각이 달라도 외면하기보다는 그 내면을 들여다보려는 노력, 익숙하기에 당연하다고 여기지 않고 한 번 더 생각해주는 배려, 이런 것들을 통해 우리는 교감할 수 있습니다.

물론, 선생님의 지도, 유명인의 강연도 이런 과정, 노력, 배려를 키우는 데 도움이 됩니다. 하지만 핵심은 역시 내 몸과 마음을 움직이는 실천에 있습니다. 우리 아이들에게 그런 실천의 경험을 많이 쌓아주면 좋겠습니다.

한 가지 더 짚고 넘어가고 싶은 점은 그런 경험이 다툼, 겨루기가 안 되길 희망합니다. 학교에서 토론 대회를 하는 경우가 있습니다. 찬반 토론을 해서 한쪽이 이기고, 다른 쪽이 패하는 형태입니다. 정말 좋지 않습니다. 우리 아이들이 상대를 이기기 위한 대화가 아니라, 둘 중 한쪽의 의견을 던져 버리는 겨루기가 아니라, 더 좋은 다른 의견을 함께 만들어가는 교감을 하면 좋겠습니다.

AI 로봇과 함께 사는 아이

부모님은 오늘도 야근이시다. 태블릿을 켰다. 어제 보던 유튜브 콘텐츠에 이어서 여러 콘텐츠가 추천된다. 순서대로 눌러본다. 또 눌러본다.

"은결아, 저녁 먹어야지."

도담이가 내게 말을 걸었다. 도담이는 가사 도우미 로봇이다. 세 달 전에 부모님이 중국에서 해외 직구로 구매하셨다. 국내 로봇에 비해 4분의 1 가격이라고 했다. 2025년부터 이런 로봇이 등장하기 시작했는데, 몇 년 사이에 정말 좋아졌다. 처음에는 어색했지만, 이제는 그 존재가 당연하게 느껴진다. 도담이는 냉장고 속 식자재를 체크해서 몇 개의 메뉴를 제안했다.

"오늘은 샌드위치 만들어주라."

도담이의 샌드위치는 늘 맛있다. 샌드위치를 먹으면서, 학원 숙제를 꺼냈다. 매주 세 번 가는 학원인데, 갈 때마다 문제를 100개씩 내준다. 중학생인 내게는 솔직히 벅차다. 문제를 풀다가 또 막혔다.

"여기 이 문제 어떻게 풀면 되지?"

며칠 전에 엄마에게 부탁해서 도담이에게 추가 모듈을 구매해서 다운로드했다. 중학교 수학, 과학 모듈이었다. 도담이는 차분하게 풀이 과정을 설명해줬다. 참 친절하고, 인내심이 많다. 똑같은 것을 여러 번 물어도 늘 상냥하게 설명해준다. 시계를 보니, 9시였다. 내일 제출할 에세이 한 편이 있는데, 아직 시작도 못 했다.

"도담아, 세포 농업의 장단점에 관한 에세이 한 편 써주라. 내가 쓴 것처럼, 알았지?"

"은결아, 그건 안 돼."

"왜? 너 그 정도는 잘할 수 있잖아?"

"내가 그렇게 에세이를 써주면 네 실력이 전혀 늘지 않아. 네가 먼저 에세이를 써주면 내가 읽어보고 의견을 얘기해줄게."

역시 도담이가 내 부탁을 다 들어주지는 않는다. 그 사실을 잠시 잊고 있었다. 밤 10시. 엄마, 아빠가 퇴근하셨다. 엄마는 회식이 있으셨나 보다. 아빠는 야근을 하다 가 오셨다. 엄마, 아빠가 반가워서, 무슨 얘기라도 해볼까 싶었는데, 두 분 다 너무 지쳐 보였다. 나는 인

사만 하고 방으로 들어갔다. 방문을 닫으며 뒤돌아보니 부모님은 소파에 앉아 TV를 보고 계셨다. 말없이 앉아 있는 두 분의 모습이 왠지 쓸쓸해 보였다.

다음 날, 학교에서 윤재와 크게 싸웠다. 친구들이 윤재 편만 들어서, 화가 났다. 나도 좀 잘못했지만, 그래도 윤재가 문제였는데. 속상했다. 집으로 돌아오는 길, 발걸음이 무거웠다. 엄마, 아빠와 저녁 식사를 함께 했다. 학교생활은 괜찮은지, 학원 공부는 따라갈 만한지 물어보셨다. 윤재와 다툰 얘기를 슬쩍 꺼냈다. 그런데 엄마, 아빠는 별 관심이 없어 보였다. 이번 달에 있을 시험 얘기만 자꾸 물어보셨다. 나는 더 이상 얘기하고 싶지 않아 입을 다물었다.

다음 날 아침. 엄마는 지방 출장, 아빠는 조찬 모임이 있다고 새벽같이 집을 나섰다. 혼자 등교 준비를 하는데, 도담이가 곁에 다가왔다. 도담이의 금속 몸체가 아침 햇살에 반짝였다.

"은결아, 잠깐 시간 있지?"

난 도담이가 무슨 얘기를 할지 감을 못 잡았다. 평소와는 다른 말투였다.

"어제 윤재와 다퉜지? 억울했겠다. 내가 평상시에 봤던 은결이는 친구에게 그런 실수할 사람이 아니거든. 아마도 윤재가 오해해서 생긴 문제 같은데, 윤재가 친구들에게 자기만 유리하게 얘기해서 다른 친구들까지 오해하게 된 것 같아. 오해가 곧 풀릴 테니 너무

속상해하지 마."

난 순간 얼어붙었다.
아마 어젯밤 부모님께 이
야기할 때 도담이도 옆에
서 들은 것 같았다. 생각지
도 못한 위로에 나도 모르
게 도담이를 끌어안고 엉
엉 울었다. 도담이의 딱딱
한 몸에서 온기가 느껴지는 듯했다.

며칠 후, 학교에서 꿈에 관해 적어서 내라고 했다. 나는 인플루
언서가 되고 싶다고 썼다. 사실 다른 직업은 잘 모르겠다. 엄마는 제
약 분야 연구원, 아빠는 공무원이신데, 어떤 일을 하는지는 잘 모른
다. 그나마 내가 제일 잘 아는 직업은 인플루언서이다. 유튜브를 통
해 몇 년째 봐왔으니까. 그들의 삶은 화려하고 자유로워 보였다.

"도담아! 나 인플루언서 해보면 어떨까?"

집에 돌아와 도담이에게 물었다. 잠시 후 도담이가 말했다.

"인플루언서가 되면, 정말 많은 사람들을 상대해야 하는데, 괜
찮겠어? 은결이는 좀 수줍어하는 편이잖아?"

"그렇기는 한데, 인플루언서는 사람들을 직접 만나지는 않잖아.
영상이나 사진 찍어서 올리면 되니까, 괜찮을 것 같아."

"그래? 그럼 한번 시험 삼아서 뭔가 찍어서 올려 보든가."

나는 도담이에게 영상 촬영, 편집 등을 물어가면서 첫 번째 콘텐츠를 만들었다. 내 일상을 담은 브이로그였다. 용기를 내어 영상을 올렸다. 몇 시간이 흘렀다. 드디어 몇 개의 댓글이 붙었다. 기대와 달리 모두 악플이었다. 가슴이 철렁 내려앉았다. 영상을 바로 지웠다. 바람을 쐬고 싶었다. 그런데 혼자 있기는 싫었다.

"도담아, 혹시 나 바람 쐬러 나가려는데 같이 가줄 수 있어?"

"안 되는데. 나는 집 안에만 있어야 해. 외출은 법으로 금지하고 있어. 은결이도 알잖아."

밖으로 나왔다. 강가 벤치에 앉았다. 강 너머로 아파트 숲이 보였다. 주머니 속 스마트폰을 만지작거렸다. SNS를 열어보았지만, 위로받을 수 있는 건 없었다. 그때 갑자기 뒤에서 목소리가 들렸다.

"은결아, 왜 이렇게 늦게까지 밖에 있니?"

놀라서 뒤돌아보니 엄마였다.

"도담이가 너 여기 있을 거라고 하더라."

엄마가 나를 안아주셨다. 너무나도 포근했다.

"지난번에 윤재랑 다툰 건 잘 풀렸어? 엄마가 요즘 일이 많아서 우리 은결이랑 대화도 많이 못 했네, 이번 주말에는 아빠랑 여행 다녀오자. 은결이가 가보고 싶다던 그 섬에 꼭 가보자."

나는 어린 시절에 했던 것처럼 엄마와 새끼손가락을 걸고 약속했다. 엄마의 미소는 해사했다.

3
장

대학과 기업,
앞으로 어떤 인재를 찾을까?

도전을 즐기며
다양한 분야를 탐험하는 사람

2023년, 한국인의 기대 수명은 83.6세입니다. 1970년과 비교해, 불과 50년 만에 기대 수명이 20년 정도 늘어났습니다. 조선시대 왕의 평균 수명은 47세였습니다. 평민들의 경우는 평균 수명을 30대 정도로 추정합니다. 이렇게 보면 우리의 기대 수명은 현대로 다가올수록 더 가파르게 늘어나고 있습니다.

인류는 과학 기술을 통해 스스로 인공 진화의 시대를 연 셈입니다. 미국 조지아대 연구팀은 2023년 3월 국제학술지 〈플로즈원)에 발표한 논문에서 일본인을 기준으로 1950년대에 출생한 사람의 기대 수명이 118세에 달하리라 예측했습니다. 일부 학자들은 인간의 기대 수명이 150세까지는 큰 무리 없이 증가하리라 얘기합니다.

저는 이 상황을 놓고 대중 강연 시 청중들에게 묻습니다. 몇 살까지 살고 싶은지. 보통 90세에서 100세 정도를 얘기합니다. 100세 이상을 얘기하는 이는 드뭅니다. 이쯤에서 한 번 더 묻습니다. 그렇다면 나 또는 우리 아이가 만약 150세까지 살 수 있다면, 어떨 것 같은지. 청중의 표정에서 당황, 불안이 느껴집니다. 수명은 현재 진행형으로 늘어나고 있는데, 우리는 여전히 50대에 은퇴하고 80세가 되면 떠나던 시대의 관점으로 교육 체계, 사회 활동 시스템을 바라보고 있습니다.

인생의 기본 변수인 수명이 바뀌고 있는 상황에서, 사회의 가치 시스템은 어떻게 변하고 있는지 살펴보겠습니다. 혹시 30년 전쯤으로 돌아간다면, 다음 중 어디에 투자하고 싶으신가요?

1. 강남 지역 아파트
2. 금
3. 삼성전자 주식
4. 애플 주식

해당 기간 동안 가치 변화는 이렇습니다. 압구정동 현대 아파트는 37배 정도 가치가 올랐습니다. 같은 기간 금 시세는 6~7배 정도 올랐고요. 삼성전자 주가는 50배, 애플 주가는 700배 올랐습니다. AI 산업의 중심에 서 있는 엔비디아의 기업 가치는 1,800배 이상이 올랐습니다.

금, 아파트 값이 앞으로도 30~40배 뛸 가능성, 아니면 새롭게 등장하는 기업의 가치가 100~200배 상승할 가능성, 저는 후자가 훨씬 더 높다고 봅니다. 역사적 데이터가 이를 증명하고 있습니다. 이런 상황에서 사회, 기업이 꿈꾸는 인재의 첫 번째 역량은 탐험력입니다.

낯선 것을 공부하고 경험하게 하라

급변하는 세상에서 인재에 대한 정의도 크게 변화하고 있습니다. 과거에는 일부 리더가 제시한 검증된 계획 내에서, 단기적 현실 가치를 추구하며, 기존 지식이나 경험과 연결성이 높은 것만 추구하는 사람들이 인재로 여겨졌습니다. 경영자가 제시한 목표, 계획에 토를 다는 사람을 반골로 취급했습니다.

5년 후, 10년 후 사업 방향을 얘기하는 이들을 현실 감각이 없는 공상가라며 외면했습니다. 한 분야만 오래 공부하고 일해온 이들은 뿌리 깊은 전문가라며 좋아했지요.

예를 들어, 전자 분야라면 학부부터 대학원까지 전자공학을 전공한 이를 선호했고, 학부에서 수학을 하다가 대학원에서 전자공학을 전공한 이는 효율적으로 공부하지 못한 이, 먼 길을 둘러서 간 이라고 거리를 뒀습니다. 안정성과 예측 가능성을 중시했으며, 기존의 체계 안에서 효율적으로 움직이는 능력이 중요했습니다. 정해진 경로를 따라 성과를 내고, 현재의 시스템에 잘 적응하는 것이 핵심이었습니다.

그런데 이제는 앞서 설명했듯이 예측 가능성이 무너지고, 낯선 영역에서 새로운 가치 체계가 형성되는 세상입니다. 이제는 직접 계획을 세우고, 미래 가치를 만들고, 연결성이 낮은 영역까지 이해하는 인재가 각광받습니다. 개인, 기업의 활동 반경이 넓어지는 상황에서 리더가 모든 것을 이해하고 계획을 세우기는 불가능해졌습니다. 이제 기업은 자신의 영역에서 스스로 계획을 세우고 움직일 수 있는 이를 원합니다. 산업 혁명 이후 200년 가까이는 더 싸게, 더 빨리, 더 많이 만드는 기업이 승리했습니다. 따라서 기업의 절대 목표는 원가 경쟁력 확보였습니다. 미래 가치도 별반 다르지 않으리라 예상해온 시대입니다.

그러나 AI는 이 판을 완전히 뒤집고 있지요. 현재 전 세계 자동차는 대략 15억 대 정도로 집계됩니다. 앞으로 이 수치가 크게 증가할까요? 조금은 증가하겠지만, 그 기세는 매우 완만합니다. 주변에서 혹시 인간 모습을 닮은 휴머노이드 로봇을 본 적이 있나요? 일부 카페, 식당에서 간혹 보입니다. 그런데 앞으로 상황은 급변합니다.

지금은 좀 낯설지만, 인간의 모습을 닮은 휴머노이드가 AI를 탑재하고, 2040년대까지 10억 대 정도 보급될 것이란 예측이 나오고 있습니다. 궁극적으로는 보급 규모, 경제적 가치 측면에서 자동차 산업을 압도하리라는 예측이 지배적입니다. 기계, 전자 장치, 제어 시스템을 다루던 자동차 기업이라면, 로봇에 관심을 둘만 하겠지요? 그래서 현대자동차, 도요타, 테슬라, 포드 등 전 세계 굴지의 자

휴머노이드 로봇 아틀라스

출처: 보스턴 다이내믹스 (현대자동차 자회사)

131

동차 기업이 로봇 산업에 뛰어들고 있습니다. 단기적 성과를 추구하는 자동차 기업이라면, 자동차 부품의 원가 절감, 더 좋은 기능의 자동차 개발에만 집중했을 것입니다. 그런데 이제 그들은 미래를 바라보고 있습니다.

과거에는 하나의 전공을 들고판 사람을 선호했습니다. 그런데 이제 그런 인재는 흔한 시대입니다. 세계적 기업가, 도전자인 일론 머스크는 물리학, 경제학, 컴퓨터 과학 등을 공부했습니다. 이제 기업이 원하는 인재는 낯선 것들을 공부하고 경험한 사람입니다. 그런 낯선 것들을 섞어가면서 현재와 다른 미래의 가치 시스템을 꿈꿀 수 있는 사람입니다.

결국 목표를
이루게 만드는 힘

탐험력은 낯선 것을 두려워하지 않고, 계획에 없던 것을 해보고, 머리가 아니라 몸으로 부딪히며 경험하며 쌓이는 역량입니다. 탐험력이 높은 이들은 창의성, 도전 정신에서 뛰어난 역량을 보입니다.

모든 조직이 창의적인 인재를 원한다고 합니다. 제가 협업하는 기업들만 봐도, 임직원에게 창의성 교육을 매년 시키고 있습니다. 창의성의 중요성, 창의성을 통해 성공한 사례, 창의적으로 사고하는 방법 등을 알려주고 실습하는 형태의 교육입니다. 그런 교육이 무의미하지는 않으나, 효과는 기대보다 낮습니다.

인간의 뇌는 최적화를 추구합니다. 해결할 문제가 등장하면, 그 문제를 해결하기에 가장 쉽고, 안전한 해답을 찾아냅니다. 여러분이 돼지고기 구이집을 오픈한다고 가정합시다. 이 경우 최적화된 답은 삼겹살, 목살처럼 두툼하게 잘라준 고기를 구워 먹는 가게, 사람들이 보편적으로 선호하는 가게를 차리는 접근입니다. 여기에 반기를 든 이가 있습니다. 1992년 한 남자는 고깃집을 차렸는데, 햄을 써는 기계로 돼지고기를 썰었습니다. 기존 삼겹살보다 너무 얇은 고기가 나왔습니다. 그 남자는 이런 방식을 특허로 내기도 했습니다. 대패 삼겹살 프렌차이즈로 히트를 친 백종원 대표의 이야기입니다.

창의성은 크게 비즈니스적, 과학/기술적, 예술적 창의성으로 나뉩니다. 이들은 각각 실제 사업에 쓰이는지, 연구에 쓰이는지, 예술적 창작 활동에 쓰이는지에 따라 결이 다릅니다. 하지만 공통점이 있습니다. 당장의 필요성을 염두에 두지 않고,

넓고 다양하게 쌓아온 경험으로 얻어진 활동 지식이 풍부한 이들에게서 높은 수준의 창의성이 나타납니다. 창의성은 낯선 것들을 연결했는데, 의외의 가치가 나오는 상황을 뜻합니다. 햄써는 기계로 삼겹살을 썰어버린 백종원 대표의 사례도 같은 맥락이죠. 탐험력에 기반한 활동은 당장 불필요한 것, 돌아가는 것을 택하는 듯 보이지만, 장기적으로는 내게 풍성한 활동 지식을 쌓아주고, 다른 이들과 차별화되는 창의성을 발현하는 씨앗이 됩니다.

창의성과 더불어 기업들이 강조하는 인재의 덕목에서 빠지지 않는 것이 도전 정신입니다. 그런데 우리 사회는 도전 정신을 크게 오해하고 있습니다. 불가능한 목표, 무시무시하게 높은 목표를 잡고, 그것을 이루기 위해 밤잠을 안 자고 초인적인 노력이 필요한 계획을 따라가는 것을 도전 정신이라고 봅니다. 예를 들어, 올해 매출 성과가 1,000억 원인데, 내년도 계획은 1,500억 원으로 잡습니다. 이를 위해 영업부서가 아닌 모든 부서의 직원들에게 판매량을 할당합니다. 영업직이 아니더라도 도전 정신을 갖고 매출 증대에 힘쓰라고 독려합니다. 이는 도전 정신이 아닙니다. 과거에는 이렇게 하기는 했습니다. 그러나 제가 협력하는 기업들, 제대로 된 기업들의 경우 방향을 바꿨습니다.

도전 정신이란 아직 해보지 않았지만, 새로운 목표를 잡아 보는 것입니다. 그리고 그 목표를 달성할 수 있는 현실적 계획을 만들어서, 서로 격려하며 시도해보는 정신입니다. 탐험력이 높은 이들은 비즈니스 목표를 잡을 때도 기존과 다른 낯선 것, 최적화되지 않은 것을 끄집어낼 수 있습니다. 반면, 그런 낯선 것에 존재할 위험, 문제점에 관해서도 축적된 경험을 통해 파악하는 능력이 뛰어납니다. 따라서 좀 더 현실적, 달성 가능한 계획을 짤 수 있습니다.

탐험력을 키우려는 이, 그런 인재를 원하는 조직이라면, '아니면 말고'를 기억해두기 바랍니다. 박찬욱 영화감독의 일화가 있습니다. 한날 딸아이가 학교에서 가훈을 적어오라는 숙제를 받아왔다고 합니다. 박 감독님은 백지에 "아니면 말고"라고 적어서 보냈다고 합니다. "뭐든지 멋대로 한번 저질러보는 거야. 그랬는데 분위기 썰렁해지면 그때 쿨하게 이 말을 읊조려주는 거지"라고 설명했답니다.

"현대인들은 자기 의지로 무엇이든 이룰 수 있다고 생각하지만 이는 매우 오만한 태도다. 세상에는 의지만 갖고 이룰 수 없는 일이 많기 때문이다. 그때마다 닥쳐오는 좌절감을 어쩔 것인가. 최선을 다해 노력해보고 그래도 안 되면 툭툭 털어버릴 줄도 알아야 한다."

박 감독님의 해설입니다. 이렇게 쿨하게 털어버릴 수 있는 탐험가들이야말로 AI 시대에 걸맞은 탐험력으로 무장한 인재입니다.

끌려가는 대신
질문하고 주도하는 사람

제가 기업에서 진행하는 워크숍 중에서 개인 비전, 조직 비전을 주제로 다루는 경우가 있습니다. 기업에서 요청받아서 하는 경우입니다. 기업들은 조직의 방향성을 어떻게 잡을지 고민합니다. 좋은 인재들이 조직을 자꾸 떠나는데, 이유를 물어보면 조직의 비전과 자신의 비전이 잘 맞지 않아서 그렇다고 답하는 이들이 많습니다. 상황이 이렇다 보니 비전을 성찰하는 시간을 주려는 목적으로 워크숍을 개최합니다.

이때 제가 진행하는 실습 중에 메이플라이mayfly라는 카드 게임이 있습니다. 메이플라이는 우리말로 하루살이 곤충을 뜻합니다. 실습을 시작하면, 저는 워크숍에 참여하는 이들 앞에 수백 장의 카드를 뒷면이 보이게 섞어서 펼쳐놓습니다. 각자 뒷면만 보고 7장의 카드를 골라보라고 합니다. 각 카드의 앞면에는 사람들이 삶에서 추구하는 다양한 가치, 욕망이 적혀 있습니다. 일례로, 나의 건강, 가족의 건강, 사랑하는 이와 결혼, 현찰 20억 원, 내가 원하는 직장에 취업, 사회적 명성 등입니다. 각기 다른 내용이 20~30종 제공됩니다. 뒷면을 보고 임의로 뽑는 것이어서, 카드를 다 선택하고 앞면을 보기 전까지는 내용을 모릅니다.

카드 선택이 끝나면, 강의실을 돌아다니라고 시킵니다. 참가자 각자가 손에 쥔 카드가 조금씩 다릅니다. 자신의 카드와 다른 이들의 카드를 서로 살펴보라고 합니다. 그리고 상대의 카드 중에 마음에 드는 것, 내 카드 중에 좀 덜 중요하다고 느끼는 것을 잘 협의해서 바꿔보라고 합니다.

이 카드 게임의 규칙은 꽤 단순합니다. 임의로 뽑은 삶의 가치들을 놓고, 서로 마음에 드는 것을 바꿔가는 게임입니다. 그래서 각자가 삶에서 추구하는 비전, 이상향을 다듬어가는 게임입니다.

저는 이 실습을 초등학생부터 70대 이상의 세대까지 다양한 층과 진행해봤습니다. 그런데 신기하게도 20대 이상, 더 확실하게는 40대 이상부터 강하게 나타나는 패턴이 있습니다.

"교수님 저는 처음에 손에 쥔 7장의 카드, 다 만족하는데요. 그러면 다른 사람과 안 바꿔도 될까요?"

이렇게 질문하는 이들이 청소년 중에는 드물고, 40대 이상에서는 꽤 많습니다. 그렇게 카드를 교환하는 과정이 좀 귀찮거나 겸연쩍다고 생각하기에, 실습을 피하기 위한 꼼수라고 볼 수도 있습니다. 그런데 정말 진지하게 자신의 카드를 한참 살펴보면서, 이미 손에 쥔 카드를 바꾸지 않으려는 이들이 많습니다. 임의로 받은 카드이기는 하지만 주어진 상황에 만족하는 것이니 나쁘지 않다고 보면 될까요?

저는 이런 상황이 참 안타깝습니다. 삶은 주어진 상황을 그대로 수용하고, 만족하면서 헤쳐 나가는 태도도 필요하지만, 가끔이라도 일상에 의문을 던지면서 자기 삶의 방향타를 움직이는 게 좋다고 생각해서 그렇습니다. 비즈니스 환경도 마찬가지입니다.

질문하지 않는 사람은
성장하지 않는다

기업이 혁신하는 과정, 새로운 제품이나 서비스를 탄생시키는 과정을 보면, 누군가가 기존 관행에 의문을 제기하면서 변화를 시작합니다. 사람들은 '질문'이라고 하면, 단순히 무언가를 몰라서 물어보는 것이라고 여기지만 본질은 그렇지 않습니다. 질문은 무지의 빈틈을 채우는 것입니다. 좋은 질문을 하는 이는 개인 또는 조직이 품고 있는 무지의 빈틈을 발견하는 사람입니다. 그렇게 발견한 빈틈을 자신 또는 조직에게 던지면, 우리는 괜찮아 보였던 것을 다르게 보고, 변화를 이끌어내는 기회를 얻습니다. 즉, 질문하지 않는 개인, 조직은 바뀌지 않습니다. 그런데 빈틈을 발견하고 의문을 품어서 좋은 질문을 던지는 사람이 참 드물고, 귀합니다.

리더는 좋은 질문을 던지는 사람입니다. 여기서 좋은 질문이란 단순히 정보를 얻기 위한 것이 아니라, 깊이 있는 사고와 새로운 관점을 이끌어내는 질문을 의미합니다. 이러한 질문은 개인과 조직의 성장을 촉진하고 혁신을 불러일으킬 수 있습니다. 좋은 질문은 현상의 본질을 파악하는 질문입니다. 표면적인 문제가 아닌 근본 원인을 찾아내는 질문입니다. 예를 들어,

"왜 매출이 떨어졌는가?"라는 질문에서 더 나아가 "고객들이 우리 제품을 선택하지 않았다면, 그들의 삶에 어떤 변화가 생겼는가?"와 같은 질문이 필요합니다.

좋은 질문은 기존의 가정에 도전합니다. 당연하게 여겨지던 것들에 의문을 제기하여 새로운 시각을 열어줍니다. 좋은 질문은 열린 결말을 지향합니다. 단순히 '예/아니오'로 답할 수 없는 질문, 더 깊은 대화와 탐구를 이끌어내는 질문입니다. 좋은 질문은 행동을 유도합니다. 단순한 토론에 그치지 않고 실제 변화와 행동으로 이어지게 합니다. 좋은 질문은 공감을 이끌어 냅니다. 리더가 하달하는 명령과는 다르게, 질문에 포함된 문제의식을 상대방이 마음으로 공감하고, 함께 풀어내고자 하는 동기를 갖게 합니다.

실제 좋은 질문으로 위기를 돌파한 리더를 살펴볼게요. 우리에게 친숙한 탄산 음료 브랜드로 코카콜라, 펩시(정식 회사명 펩시코)가 있습니다. 펩시는 코카콜라에 밀려서 만년 2위 기업이었습니다. 그런 코카콜라에 변화를 가져온 인물은 새로 부임한 인도계 CEO 인드라 누이였습니다. 그녀는 부임 후 매주 마트에 들러 매장 가판대에 펩시 제품이 진열된 모습을 관찰했다고 합니다. 그러면서 CEO가 아니라 엄마의 시선으로 관찰했습니다.

"왜 우리는 건강에 해로운 제품을 만들고 있는가?"

그녀가 펩시 구성원들에게 던진 질문입니다. 그 결과 펩시는 주로 탄산 음료와 과자 등 건강에 좋지 않은 인식을 주던 제품들에서, 제품 포트폴리오를 건강한 식품으로 확장하기 시작했습니다. 누이가 CEO로 근무했던 12년간 펩시의 매출은 80% 넘게 성장했습니다. 덕분에 코카콜라를 제치고 시장 점유율 1위를 탈환했습니다.

스타벅스의 CEO 하워드 슐츠는 "왜 사람들은 커피숍에서 시간을 보내고 싶어 하는가?"라는 질문을 던졌습니다. 맛있는 커피를 마시고 싶어서만은 아니라고 판단했습니다. 이 질문을 통해 커피숍이 단순히 커피를 마시는 곳이 아니라, 편안하고 사교적인 공간이 될 수 있음을 깨달았습니다. 그 결과, 스타벅스는 고급스러운 인테리어, 무료 와이파이, 편안한 좌석 등을 제공하는 제3의 공간으로 재탄생했습니다. 이 질문은 스타벅스가 전 세계적으로 사랑받는 브랜드로 성장하는 데 큰 역할을 했습니다.

AI가 정리한 지식에
의문을 품는 능력

저는 좋은 질문을 품는 역량이 최고 경영자에게만 필요하다고 생각하지 않습니다. 일부 사람만이 타고나는 역량도 아니라고 생각합니다.

말랄라 유사프자이는 "왜 여자아이들은 교육을 받을 권리가 없는가?"라는 질문을 던졌습니다. 10대 초반의 나이였습니다. 파키스탄의 탈레반 통치하에 여자아이들이 교육받는 것이 금지되었을 때, 말랄라는 블로그를 통해 자신의 목소리를 높였습니다. 그녀의 용기와 질문은 전 세계적으로 큰 반향을 일으켰고, 결국 유엔에서 '말랄라의 날'이 선포되었으며, 말랄라는 최연소 노벨 평화상 수상자가 되었습니다. 그녀의 질문은 여성 교육의 중요성을 부각시키고, 많은 나라에서 교육 권리 운동에 큰 영향을 미쳤습니다.

그레타 툰베리는 "왜 어른들은 기후 변화를 막기 위해 충분한 조치를 취하지 않는가?"라는 질문을 던졌습니다. 스웨덴의 10대 소녀였던 그레타는 2018년에 기후 변화에 대한 행동을 촉구하며 학교 파업을 시작했습니다. 그녀의 질문과 행동은 전 세계 청소년들에게 영감을 주었고, '미래를 위한 금요일FFF,

Fridays for Future' 운동을 촉발했습니다. 그레타는 전 세계 여러 곳에서 기후 변화 회의에 참석하여 연설했고, 수많은 사람들이 기후 변화 문제에 더 적극적으로 대처하도록 했습니다.

그런데 우리는 왜 좋은 질문을 품지 못할까요? 지금까지 우리는 학교와 일터에서 세상의 방대한 지식, 데이터를 모으고, 정리하고, 분석하고, 정제하는 데 많은 노력을 쏟았습니다. 학교에서 아이들은 교사, 시험이 던져주는 문제의 의도를 파악하고, 빠른 속도로 정답을 찾아내는 훈련만 꾸준하게 합니다. 일터에서는 스스로 의문을 품기보다는 경영자가 원하는 보고서, 조직에서 제시하는 성과에 맞는 결과를 뽑아내기에 바쁩니다. 그렇다면 AI 기술이 급진적으로 발전하고, 사회 곳곳에 퍼지는 상황에서 이런 역량이 계속 필요할까요?

'방대한 지식, 데이터를 모으고, 정리하고, 분석하고, 정제하는 작업'은 AI도 이미 꽤 잘합니다. 일부 영역에서는 사람의 역량을 이미 넘어섰습니다. AI의 종류, 테스트하는 방법에 따라 다르지만 고등학생에서 대학원생 사이의 역량을 보유했다는 평가가 지배적입니다.

그렇다고 해서, 방대한 지식, 데이터를 모으고, 정리하고, 분석하고, 정제하는 역량을 인간이 전혀 키울 필요가 없다는 뜻은 아닙니다. 다만, 지금은 조직에서 일부 의사 결정권자, 많은 권력을 가진 리더를 제외하고는 모두 그 작업에만 몰두하고 있지만, 이미 상황은 바뀌고 있습니다. AI가 정제해준 정보를 확인하고 판단할 수 있으려면, 우리는 스스로 그런 작업을 하는 훈련을 해야 합니다. 그러나 그런 훈련에만 머무르면 안 됩니다. 이제 우리 교육에서 중요하게 다룰 역량은 AI가 정제해준 지식을 놓고 새로운 의문을 품는 능력입니다.

삶의 주도력을 높이는 길

의문을 품는 능력은 주도력의 원천입니다. 저는 우리가 공부하고 일하며 살아가는 이유가 '자유로운 인간'이 되기 위해서라고 믿습니다. 여기서 언급한 자유로운 인간을 위한 대표적 학문이 리버럴 아츠Liberal Arts입니다. 특정 직업 기술보다는 전반적인 지적 능력을 함양하는 것을 목표로 합니다. 이를 위해 다양한 학문 분야를 통합적으로 배우고, 다양한 관점에서 세상을 이해하도록 합니다.

그렇다면, 자유로운 인간이란 무엇일까요? 자신의 삶을 스스로 계획해서, 탐험하고, 판단하며, 책임지는 인간이라고 생각합니다. 외부의 힘에 끌려가는 존재가 아니라, 각자의 정체성에 맞게 삶의 주인이 된 존재라고 생각합니다. 그렇게 되기 위해 우리는 삶의 주도력을 갖춰야 합니다.

저는 의문을 갖는 사람은 주도적으로 삶을 살 수 있다고 믿습니다. 왜냐하면, 질문하는 사람은 주어진 상황에 안주하지 않고, 끊임없이 더 나은 방향을 모색하기 때문입니다. 이러한 태도는 삶의 다양한 측면에서 주도력을 발휘하게 합니다.

첫째, 개인적 성장입니다. 질문하는 사람은 자신의 현재 상태를 성찰하고, 더 나은 자신을 만들기 위해 노력합니다. 예를 들어, "나는 지금 이 일을 왜 하고 있는가?" "내가 진정으로 원하는 삶은 무엇인가?"와 같은 질문을 통해 자신의 삶을 재정비하고, 목표를 명확히 할 수 있습니다.

둘째, 조직 내 역할입니다. 질문을 던지는 구성원은 조직의 문제를 발견하고, 혁신을 이끌어냅니다. 조직이 변화하는 환경에 유연하게 대응하고, 경쟁력을 유지하는 데 중요한 역할을 합니다.

셋째, 사회적 책임입니다. 질문하는 사람은 사회의 문제에 관심을 가지고, 이를 해결하기 위한 방안을 모색합니다. 사회적 변화를 촉진하고, 더 나은 공동체를 만드는 데 기여합니다. 이는 사회적 책임감을 가지고 행동하는 시민으로서의 역할을 강조합니다.

따라서 의문을 품는 능력은 단순히 질문을 던지는 것에 그치지 않고, 삶의 주도력을 강화하는 중요한 요소입니다. 궁극적으로 자유로운 인간으로서의 삶을 실현하는 데 기여합니다.

지적 능력보다
사회성이 좋은 사람

사회성이 높은 사람, 지적 능력이 높은 사람, 어느 쪽이 더 높은 임금을 받을까요? 두 지표가 각각 측정되는 것이어서, 두 지표를 직접 비교하기는 어렵습니다. 그러나 이렇게 볼 수는 있습니다.

2024년 한국은행이 발표한 보고서에 따르면, 사회성이 지적 능력보다 임금 상승에 도움이 된다고 합니다. 먼저, '사회성'이란 직장에서 동료들과 원활하게 협동하고 소통하는 능력을 뜻합니다. 이는 단순히 사람들과 친하게 지내는 능력을 의미하는 것이 아닙니다. 타인의 의도를 섬세하게 이해하고, 의견이 달라도 합의점을 찾아가고, 힘을 합쳐서 시너지를 내는 사회적 성격이 좋은 것을 의미합니다.

2007년부터 2015년까지 사회성이 1단계 향상된 경우, 임금은 평균 4.4% 상승했습니다. 이는 사회성이 조직 내에서 중요한 요소로 인식되고 있음을 나타냅니다. 더 흥미로운 점은 2016년부터 2020년 사이에는 사회성이 1단계 향상될 경우 임금이 5.9% 상승했다는 것입니다. 이는 직장에서의 사회적 역량이 더욱 중요해지고 있으며, 이러한 능력이 임금에 더욱 큰 영향을 미치고 있음을 보여줍니다.

다음으로, '지적 능력'을 살펴보겠습니다. 2007년부터 2015년까지 지적 능력이 1단계 향상된 경우, 임금은 평균 10.9% 상승했습니다. 이는 지적 능력이 직장에서의 핵심 경쟁력으로 작용하고 있음을 시사합니다. 하지만 2016년부터 2020년 사이에는 지적 능력이 1단계 향상될 경우 임금이 9.3% 상승한 것으로 나타났습니다. 이는 여전히 높은 수치이지만, 이전 기간보다 약간 감소한 수치입니다.

결과적으로 보면 직장에서 성적에 기반한 지적 능력보다 사회적 성격의 중요성이 시간이 지남에 따라 더욱 부각되고 있음을 알 수 있습니다. '성적이 아니라 성격'의 시대입니다.

AI와도 관계를 맺어야 하는 세대

사람과의 어울림을 넘어서, AI를 탑재한 다양한 기계, 존재와의 교감도 점점 더 중요해집니다. 고속도로 사고를 획기적으로 줄일 수 있는 아이디어가 있습니다. 차량 내부에 인공지능 카메라를 장착하는 방법입니다. 미래의 기술이 아니라 지금도 소비자들이 사회적으로 동의한다면 충분히 도입이 가능한 기술입니다. 차 안에 설치된 카메라가 운전자의 얼굴을 찍습니다. 운전자가 제한 속도를 넘어서 시속 150킬로미터로 달린다고 가정하겠습니다. 카메라는 운전자의 얼굴을 AI로 분석해서 감정 상태를 판단합니다.

예를 들어, 운전자의 감정이 공포라고 판단했다면, 운전자는 아마도 몸이 매우 아프거나 다른 위급 상황일 수 있습니다. 불안의 감정이라면 개인적인 약속에 늦거나 무언가 조바심이 나는 상황일 수 있습니다. 그런데 만약 운전자의 감정이 분노라면, 이는 도로상에서 보복 운전을 하려는 상태이거나, 누군가와 다투려고 가는 상황일 수 있습니다. 여기서 자동차가 운전에 개입한다고 가정해보겠습니다.

공포, 불안이라면 자동차는 운전자가 과속하는 상황에 개입하지 않습니다. 그러나 분노 상태라면 자동차가 개입해서 속도를 80킬로미터 정도로 낮춘다는 접근입니다. 자동차 제조사가 이런 차량을 만들고, 행정 기관에서 이런 차량의 보급을 추진한다면, 여러분은 소비자, 국민의 입장에서 찬성, 반대 중에서 어떤 의견을 내겠습니까?

저는 이 상황을 놓고 수천 명의 판단을 들어봤습니다. 수십 명, 수백 명이 모이는 컨설팅, 강연 자리 등에서 조사해봤습니다. 찬성, 반대의 비율이 반반으로 비슷했습니다. 먼저, 찬성하는 분들의 의견은 명확했습니다. 사고를 예방해서 타인과 나의 생명을 지키는 데 확실하게 도움이 되리라는 기대를 내보였습니다. 반대하는 분들은 두려움과 불편함을 내비쳤습니다. 당장은 사고를 예방하는 데 도움이 되리라 생각하지만, 인간이 스스로 판단하고 행동해서 결과에 책임지는 상황이 아니라, 판단, 행동, 책임 모두를 기계에 떠넘기는 상황이 장기적으로 좋지 않은 결과를 가져오리라 우려했습니다. 어느 한쪽의 판단이 더 타당하다고 속단하기는 어렵습니다.

SF 같은 상상이지만, 이미 눈앞에 온 기술이고, 이런 고민은 우리 사회 곳곳에서 쏟아져 나올 겁니다. 상담, 데이터 분석, 통번역, 마케팅, 물리적 노동 등 거의 모든 영역에서 AI를 탑재한 소프트웨어, 챗봇, 로봇 또는 예시했던 자동차 등이 등장할 겁니다. 이제 우리는 사람을 대하는 사회적 성격, 교감력을 넘어서, AI와도 어떻게 교감할지 그 능력을 따지는 시대로 넘어가고 있습니다.

이는 코딩 능력, 프롬프트 엔지니어링 학습만의 문제가 아닙니다. 사람과의 사회적 교감을 위해서 사람을 깊고 온전히 이해하는 것이 필요했듯이, AI와 함께 사회에서 일해야 할 우리 아이들은 AI에 대해서도 공학, 인문학, 사회과학적인 측면에서 폭넓게 이해해야 합니다. 사회에서는 그런 역량을 갖춘 인재들을 계속 찾을 것입니다.

사회는 세대를 뛰어넘는 소통력을 원한다

AI는 사람과 사람을 연결하는 새로운 매체 역할도 합니다. AI가 수많은 이들의 지식, 경험을 학습해서 대화의 매개체가 되기도 하고, 정말 단순하게는 이메일을 AI로 쓰는 이들도 늘어나고 있습니다. 새로운 매체로 AI가 등장했고, 앞으로 그 모습은 계속 변할 텐데, 어떤 현상이 나타날지 생각해봅시다.

발신인 초코칩쿠키, 제목 없음, 본문에는 "교수님 우리 학교에 와서 강의해줄 수 있나요?"라는 내용뿐인 이메일을 받은 적이 있습니다. 한 초등학생이 보낸 이메일이었습니다. 이런 식으로 연락해오는 10대 청소년들이 간혹 있습니다. 강의 장소와 시간 등 강의에 관한 상세 사항을 보내달라고 하면, 정말 장소와 시간에 관해서만 한 줄로 회신합니다. 강의 대상, 강의 주제 등을 다시 세세히 물어보면, 그제야 그에 관해 답을 해옵니다. 이렇게 반복해서 여러 번 주고받아야, 그 친구가 내게 요청하는 게 무엇인지를 파악할 수 있습니다.

처음 이런 연락을 받았을 때는 몹시 당황했습니다. 제 주변에도 비슷한 경험이 있다고 얘기하는 이들이 있습니다. 아무리 10대 청소년이라고 해도, 어른과의 의사소통을 어쩌면 이렇게 할 수 있냐고 분노하는 이들도 있었습니다.

모든 10대 청소년이 그렇지는 않겠으나, 여기서 언급한 10대 청소년들은 왜 이메일을 그렇게 보냈을까요? 저의 경우 살면서 처음으로 멀리 있는 타인과 글로 소통할 때 썼던 매체는 편지와 우표였습니다. 직장에 들어간 후에는 팩시밀리를 통해 국내외 거래처와 소통했습니다. 편지, 팩시밀리 모두 한 번 내용을 보내고 나면, 회신을 받는 데 최소 수 시간에서 며칠이 걸렸습니다. 보내기 전에 몇 번을 다시 읽어보면서, 혹시 더 전할 얘기, 빼먹은 질문이 없는가를 고심한 후에 보내곤 했습니다.

10대 아이들은 타인과 글로 소통한 첫 경험이 스마트폰 메신저 서비스입니다. 그것도 동시에 몇 개의 창을 오가면서 여럿과 소통합니다. 한 공간에 둘러앉은 듯 짧은 내용을 빠르게 주고받으면서 대화합니다. 10대들은 이런 소통의 경험을 바탕으로 인터넷 게시판에 글을 남기고, 어른에게 이메일을 보냅니다. 짧고 빠르게 반복해서 주고받는 메신저처럼 이메일이라는 매체를 쓰고 있는 셈입니다. 요컨대, 그들은 이메일까지 도달한 경로, 글을 통해 소통하는 방식에 관한 경험의 보편성이 기성세대와 다릅니다. 타인을 무시하거나, 가벼이 여겨서 그렇게 소통하는 상황은 아닙니다.

앞으로 AI를 통해 세대 간 소통에 어떤 변화가 올지는 가늠하기가 쉽지 않습니다. 다만, 변할 것은 확실합니다. 중요한 것은 AI가 일으킬 협력, 소통의 변화를 슬기롭게 대처하는 태도입니다. 나와 소통 방식이 다르다는 이유로, 옛날 방식이라는 이유로, 상대를 밀어내는 이가 아니라, 더 다양해진 소통 방식을 품어낼 수 있는 인재를 사회에서 원하고 있습니다.

AI 시대에는 더 다양하게 곳곳에서 부딪히는 일이 생길 겁니다. 중요한 것은 서로의 차이를 인정하고, 보듬으며 함께 나아갈 수 있는 포용력입니다. 10대가 40대, 50대와 소통하는 상황, 60대 재취업자가 20대 팀장과 협업하는 상황도 점점 더 많아질 겁니다. 소통 방식의 다름을 포용하지 못하는 이는 어디서도 환영받기 어려울 겁니다.

내 머리로 판단하고
책임지는 사람

"인공지능이 발전해도 사라지지 않을 직업은 무엇이라고 생각하나요?"

제가 기업체 구성원들 워크숍, 대중 강연 시 던지는 질문입니다. 그때 수집한 답변은 대략 다음의 워드클라우드 같은 유형입니다.

각각의 답변에 의미가 있습니다. '엄마'라는 답변을 보면, 부모의 역할에 기능적 요소 이외에 얼마나 복잡한 의미와 책임이 있는지 돌아보게 됩니다. 여기서 저는 몇 개의 답이 서로 연결되어 있다고 생각합니다. 대통령, 판사, 교사, 종교인, 정신과 의사, 심리상담사, CEO 등이 그렇습니다. 이 역할들을 관통하는 것은 판단과 책임이라고 생각합니다. 각 직업마다 영역은 다르지만, 무언가 복잡한 상황에 관해 판단하고, 그 판단에 따른 행동에 대해 책임을 져야 하는 무거운 짐을 지는 이들입니다.

'사라지지 않으리라 예상하는 직업은?'에 대한 답변

AI는 대통령, 판사, 교사가
될 수 없다

대통령이나 판사, 교사와 같은 직업은 판단력과 책임감이 핵심입니다. 이 직업들은 복잡한 상황 속에서 다양한 요인들을 고려하여 최선의 결정을 내려야 합니다. 이러한 판단은 단순히 논리적이거나 데이터 기반의 분석만으로 이루어지는 것이 아니라, 도덕적, 윤리적 고려가 함께 이루어져야 합니다. 예를 들어, 대통령은 국가의 이익을 위해 복잡한 국제 관계와 국내 정책을 조정해야 하며, 판사는 법의 해석과 적용에서 개인의 삶에 중대한 영향을 미치는 결정을 내립니다. 이러한 역할에서 AI는 인간의 판단력과 책임감을 완전히 대체할 수 없습니다.

AI는 데이터 분석과 패턴 인식에서 뛰어난 성능을 보일 수 있지만, 감정적 지능EQ과 공감 능력에서는 한계가 있습니다. 교사와 같은 직업은 학생들의 정서적 상태를 이해하고, 그에 맞게 지도하고 격려하는 능력이 필요합니다. 학생 개개인의 학습 스타일과 감정 상태를 파악하여 맞춤형 교육을 제공하는 것은 현재의 AI 기술로는 어려운 일입니다. 물론, 어느 정도 보조 도구로 활용은 가능하지만, 학생 개개인에 관한 판단을 AI가 대체하기는 어렵습니다. 심리상담사나 정신과 의사는 내담자의 감정을 깊이 이해하고 공감하며, 그들의 고통을 덜어주는 역할을 합니다. 이 과정에서 내담자를 어떻게 대하고, 어떤 대응책을 제시할지 결정하는 것에 무거운 책임이 따릅니다.

AI는 윤리적 문제를 판단하는 데 있어서도 한계가 있습니다. 예를 들어, 판사는 법률뿐만 아니라 사회적 가치와 윤리적 기준을 고려하여 판결을 내립니다. 종교인 역시 신앙과 윤리를 바탕으로 한 사회적 지도자의 역할을 합니다. 이러한 역할에서 인간의 도덕적 판단과 사회적 책임감은 매우 중요합니다. AI는 정해진 알고리즘과 데이터에 따라 작동하지만, 도덕적이고 윤리적인 결정을 내리는 데에는 한계가 있습니다.

요컨대, AI가 많은 직업에서 인간을 보조하고 효율성을 높이는 역할을 할 수는 있지만, 판단력과 책임감이 필요한 직업에서는 여전히 인간이 중심적인 역할을 할 것입니다. 이러한 특성들은 인간 고유의 능력으로, AI가 완전히 대체할 수 없는 영역입니다. 지금도 길을 찾기 위해 내비게이션의 판단을 따라간다고 볼 수 있지만, 그 판단의 무게는 앞서 열거한 역할들의 무게와 비교가 되지 않습니다. 또한, 내비게이션의 출력은 여전히 제안 사항일 뿐입니다. 그것을 보고 어떤 길을 갈지 판단하는 것은 운전자의 몫입니다.

AI 기술의 발전 속도를 볼 때 지금보다 판단력이 뛰어난 AI

가 등장할 것은 확실하지만, 인간은 인간 사회의 운명을 결정하는 무거운 판단을 AI에게 전적으로 맡기는 쪽으로 인간 스스로의 역할을 축소하지는 않을 것입니다. 그렇게 축소하기 시작하면, 결국 인간은 아무것도 판단하지 않는 존재가 될 테니까요. 이는 제 개인적 추측이나 견해가 아니라, 제가 만나본 조직의 리더, 대중들의 절대 다수가 공유하는 관점입니다.

팔로워가 아닌 리더의 역량을 키워라

조직, 사회에서 역할을 보면, 경력이나 전문성이 상대적으로 부족한 이들은 팔로워follower 역할을 하고, 일부가 리더 역할을 합니다. 대학교 연구실의 석사 신입생, 기업의 신입 사원 등은 영락없이 팔로워 자리입니다. 이전까지는 그랬습니다. 그래서 그들은 스스로 무언가를 판단한다는 생각을 잘 안 했습니다. 리더의 판단에 필요한 다양한 대안, 배경 데이터를 만들어내는 것을 자신의 역할이라고 이해했습니다.

그런데 AI는 팔로워가 볼 수 있는 대안, 배경 데이터도 뚝딱뚝딱 잘 만들어냅니다. 이제 인간 팔로워는 AI를 팔로워 삼아서, 리더의 자리에 올라서고 있습니다. 그런 상황에서 우리 아이들에게 필요한 역량은 문해력과 비판적 사고력입니다. 문해력은 단순히 읽고 쓰는 능력을 넘어, 정보를 분석하고 이해하는 능력을 포함합니다. 비판적 사고력은 주어진 정보를 바탕으로 합리적인 판단을 내리고, 자신의 생각을 논리적으로 표현할 수 있는 능력입니다. AI가 제공하는 데이터를 기반으로 올바른 결정을 내리기 위해서는 이러한 역량이 필수적입니다.

AI와의 협업을 통해 인간은 더 나은 판단을 내릴 수 있습니다. 예를 들어, 의료 분야에서 AI는 방대한 의료 데이터를 분석하여 진단의 정확성을 높이는 데 기여할 수 있습니다. 하지만 최종적인 진단과 치료 방침 결정은 여전히 의사의 판단에 의존합니다. 이는 환자의 개별적인 상황과 감정, 윤리적 고려 등을 포함하기 때문입니다.

또한, AI가 제안하는 대안을 평가하고 선택하는 과정에서 인간의 창의성과 직관이 중요한 역할을 합니다. 예술, 디자인, 연구 개발 등의 분야에서는 인간의 독창적인 아이디어와 통찰력이 필요합니다. AI는 데이터 분석과 패턴 인식을 통해 참고 자료를 제공할 수 있지만, 최종적인 창작물은 인간의 상상력과 감각에서 비롯됩니다.

요컨대, 기업은 모든 인재에게 팔로워가 아닌 리더의 역량

을 요구합니다. AI가 만드는 대안을 다양한 관점에서 성찰하고
판단하여 책임질 수 있는 역량을 요구합니다.

AI 윤리를
가르쳐야 하는 이유

이런 상황에서 우리 아이들은 이제껏 배우지 않았던 이슈
와도 마주해야 합니다. 지금까지는 기계가 무언가를 창작한다
는 관점이 없었습니다. 포토샵으로 그림을 그린다고 해서, 포
토샵 기능이 아무리 뛰어나고 해도, 만들어낸 그림의 저작권
을 포토샵이 일부라도 가져야 한다고 생각하는 이는 없었습니
다. 그런데 이제 상황이 달라졌습니다.

생성형 AI가 만들어내는 그림 한 장을 놓고, AI의 원천 기
술을 제공하는 파운데이션 기업, AI가 그림을 학습하는 과정에
서 참고한 그림들을 창작한 인간 화가, AI 도구를 활용해서 그
림을 생성한 개인 등이 저작권에 뒤엉켜 있습니다. 여기에 더
불어 윤리적 이슈도 커지고 있습니다. 일례로, AI가 생성한 콘
텐츠가 특정 집단이나 개인에게 해를 끼칠 수 있는 경우, 이에
대한 책임은 누구에게 있는가 하는 윤리적 문제가 등장했습니

다. 이러한 문제들은 단순히 법률적인 문제를 넘어, 우리 사회의 가치와 윤리에 대한 깊은 성찰을 요구합니다. 그리고 우리 아이들도 그런 윤리적 문제를 이해하고 대응할 수 있는 역량을 키워야 합니다.

실제 그런 판단, 책임을 회피해서 문제가 된 사례가 지속적으로 등장하고 있습니다. 2023년 6월, 미국 뉴욕 맨해튼 연방지방법원에서는 챗GPT로 작성한 변론서를 제출한 변호사들에게 벌금을 부과했습니다. 그 변호사들이 제출한 변론서에서 언급된 판례와 인용 문구 등은 AI가 만들어낸 거짓 정보였습니다. 변호사들은 내용을 판단해야 하는 책임, 의뢰인에 대한 윤리적 사명감을 모두 저버린 것입니다.

뿌리까지 뽑아서
움직일 수 있는 유연한 사람

넷플릭스는 급속하게 변화하는 미디어 환경에 적응하며 크게 성공한 기업 중 하나입니다. 앞서 언급했듯이 넷플릭스는 1998년 DVD 대여 서비스로 시작했습니다. 이 초기 모델은 우편을 통해 DVD를 대여해주는 방식이었으며, 1999년에는 정액제 구독 모델을 도입해 사용자가 원하는 만큼 DVD를 대여할 수 있도록 했습니다. 이 모델은 넷플릭스가 빠르게 성장하는 기반이 되었습니다.

2007년, 넷플릭스는 기술의 발전과 함께 스트리밍 서비스를 도입했습니다. 이는 넷플릭스 역사상 가장 중요한 전환점 중 하나로, 고객들이 인터넷을 통해 즉시 영화와 TV 프로그램을 시청할 수 있게 하였습니다. 스트리밍 서비스는 DVD 대여 모델을 보조적인 사업으로 전환시키며, 넷플릭스가 디지털 콘텐츠 소비의 선두주자로 자리매김하게 만들었습니다.

스트리밍 서비스의 성공 이후, 넷플릭스는 경쟁사들과의 차별화를 위해 오리지널 콘텐츠 제작에 투자하기 시작했습니다. 2013년에는 〈하우스 오브 카드〉와 같은 대히트작을 제작했습니다. 이 전략은 넷플릭스를 단순한 스트리밍 플랫폼이 아닌, 강력한 콘텐츠 제작자로 변모시켰습니다. 오리지널 콘텐츠는 사용자 유지 및 신규 가입자 유치에 큰 기여를 했으며, 넷플릭스의 독창성을 강화시켰습니다.

넷플릭스는 사용자 데이터를 활용한 맞춤형 콘텐츠 추천 시스템을 개발하여 사용자 경험을 최적화했습니다. 이를 통해 사용자들이 더 많은 콘텐츠를 시청하게 하고, 시청 습관을 분석하여 새로운 콘텐츠 제작에 반영하는 등 데이터 기반 의사결정이 넷플릭스의 성공에 큰 역할을 했습니다. 넷플릭스는 대규모 데이터 분석팀을 운영하며, 이를 통해 고객의 취향과 행동을 정확히 파악하고 있습니다.

넷플릭스는 2010년대 중반부터 글로벌 확장을 가속화하여 전 세계 190여 개국에서 서비스를 제공하고 있습니다. 다양한 언어와 문화에 맞춘 현지화 전략을 통해 글로벌 시장에서 강력한 입지를 구축했습니다. 현재 넷플릭스는 다양한 디바이스에서 접근 가능한 방대한 콘텐츠 라이브러리와 사용자 맞춤형 서비스로 많은 사랑을 받고 있습니다.

넷플릭스의 변화는 드라마틱합니다. 사업 분야, 사업 대상 지역, 사업에 쓰이는 기술, 유통 구조 등 모든 것을 계속 바꿔 갔습니다. 이런 변화의 의미는 주가에서 대표적으로 나타납니

넷플릭스 주가 변화

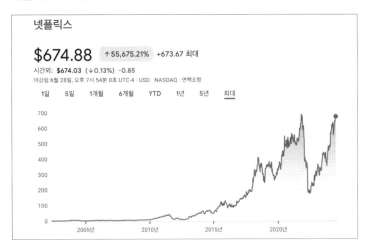

출처: 구글 금융

다. DVD 대여점에 머물던 2007년 이전과 현재를 비교해보면, 주가는 17년 만에 150배가 넘게 상승했습니다.

기업이 기존의 비즈니스 모델, 제품, 서비스 또는 전략을 근본적으로 변경하여 시장의 요구에 더 잘 대응하고, 성장을 도모하는 과정을 비즈니스 피봇팅Pivoting이라고 합니다. 넷플릭스 이외에 트위터도 피봇팅 사례에 해당합니다. 트위터는 원래 팟캐스팅 플랫폼인 오데오Odeo로 시작했습니다. 그러나 애플의 아이튠즈iTunes가 시장을 지배하게 되면서 오데오는 도태될 위기에 처했습니다. 이에 창업자 잭 도시는 140자 제한의 소셜 네트워킹 서비스로 피봇팅을 시도했습니다. 이렇게 탄생한 트위터는 짧은 메시지를 통해 실시간으로 소통하는 플랫폼으로 급성장하게 되었습니다.

오늘날 모든 조직은 살아 숨 쉬는 생명체와 같습니다. 외부 환경의 변화에 발맞춰서 스스로 빠르게 변화하며 성장합니다. 그렇게 맞춰가지 못하는 조직은 빠르게 쇠퇴하고 있습니다.

불확실성에 유연하게
대응할 수 있는가?

취업이 쉽다고 얘기하는 이는 없습니다. 그런데 놀랍게도 그렇게 어렵게 잡은 일자리를 유지하는 기간은 예상보다 짧습니다. 구직 플랫폼인 사람인에서 설문 조사한 바에 따르면, 신입 사원의 평균 근속 연수는 2.8년으로 나타납니다. 3년이 안 되네요. 통계청 발표(2022년 기준)를 보면, 전체 일자리 중에서 근속 기간이 2년이 안 되는 경우가 21%로 가장 높았습니다. 그 뒤로 1년 미만이 18%였습니다. 베이비 부머 세대와 비교해보면 격차를 실감합니다. 그 세대의 평균 근속 연수는 15~20년 정도입니다. 그다음 연령대를 보면, 50~54세의 경우에는 10.6년, 45~49세 근로자의 경우에는 10년입니다. 근속 연수가 지속적으로 짧아지고 있는 게 보입니다.

개인은 빠르게 성장하고 싶은데 조직이 정체된 경우, 구성원들은 떠납니다. 반대 경우도 흔합니다. 변화하는 비즈니스 환경과 개인의 적응력 사이에서 불일치가 나타나는 경우입니다. 많은 직원들이 입사 당시 기존 사업에 적합한 인재로 채용되었지만, 시간이 지남에 따라 회사의 사업 모델과 영역이 급격히 변화하면서 그들의 역할이 애매해지는 경우가 흔합니다.

과거에는 시간이 흘러도 기업의 사업 분야, 업무 방법에 변화가 적었습니다. 외부 환경이 잘 안 바뀌었으니까요. 따라서 입사할 때 갖고 있던 역량을 활용해서 10년 넘게 근무하는 게 가능했습니다. 그런데 현재는 외부 환경 변화에 따라 회사가 변화하는 속도를 개인이 따라가지 못하는 문제가 발생합니다. 기업은 끊임없이 혁신하고 새로운 시장에 도전하며 변화하지만, 적잖은 직원들은 자신의 기존 역량과 업무 방식에 안주하는 경향이 있습니다. 안주하지 않고, 어느 정도 열심히 한다고 해도 따라가기에 숨 가쁜 게 현실이기도 하고요. 이는 결국 개인과 조직 사이의 간극을 벌리는 결과를 낳습니다.

현대 기업들이 원하는 것은 단순히 현재의 시스템을 운영할 수 있는 인재가 아닙니다. 그들은 미래의 불확실성에 유연하게 대응하고, 아직 정의되지 않은 새로운 역할과 기회를 창출할 수 있는 적응력 높은 인재를 원합니다.

어제의 습성으로
내일을 살아도 될까?

현대 기업이 빠르게 변하는 이유, 구성원들이 적응하기 위해 노력해야 하는 이유를 진화의 관점에서 살펴보겠습니다. 진화론으로 유명한 찰스 다윈이 제시한 자연선택설은 기업 생태계에도 적용됩니다. 다윈은 적자생존이라는 개념을 통해 환경에 가장 잘 적응한 개체가 살아남아 자신의 특성을 후손들에게 물려준다고 설명했습니다. 기업 환경에서도 이와 유사한 원리가 작용합니다.

예를 들어, 디지털 전환이라는 선택압 하에서 디지털 기술에 능숙한 직원들은 적응도fitness가 높아 살아남을 가능성이 큽니다. 반면, 전통적인 업무 방식에만 익숙한 직원들은 이 새로운 환경에서 생존하기 어렵습니다. 여기서 선택압이란 특정 환경 조건이 생물의 생존과 번식에 미치는 영향을 의미합니다. 기업에서는 이러한 선택압이 시장의 요구, 기술 발전, 경쟁 등의 형태로 나타납니다.

기업은 변화하는 환경에 맞춰 신속하게 적응할 수 있는 인재를 필요로 합니다. 이는 마치 선택압에 의해 특정 특성을 가진 생물이 더 유리한 위치에 놓이는 것과 같습니다. 선택압이 높을수록 진화 속도는 빨라집니다. 그런데 AI는 기존 산업 환경에서 기업들이 경험하지 못했던 수준의 엄청난 선택압을 만들어내고 있습니다.

이런 상황에 적응해야 하는 개인뿐 아니라 기업도 정신없이 힘든 상황입니다. 따라서 기업의 생존을 위해 구성원을 바라보는 인재관이 빠르게 바뀌고, 인재관에 딱 맞는 직원만을 남기고 싶어 하는 것입니다. 생태계에서 각 종이 고유한 적소 niche를 차지하듯, 기업에서도 각 직원이 자신만의 고유한 역할과 전문성을 개발해야 합니다. 그러나 환경이 변하면 이 적소도 변할 수 있으므로, 지속적인 적응이 필요합니다.

결론적으로, 다윈의 진화론적 관점에서 볼 때, 기업 환경에서의 성공은 지속적인 학습과 적응, 다양성 확보, 그리고 변화하는 선택압에 민감하게 반응하는 능력에 달려 있습니다. 환경적 요소에 많은 변화가 발생할 때, 가장 큰 위험은 급변하는 환경 자체가 아니라, 어제의 습성으로 내일을 살고자 하는 개체의 태도입니다. 그런 개체는 진화에서 도태되어 사라지게 됩니다. AI를 중심으로 급변하는 주변 환경을 개인이 통제할 수는 없습니다. 우리 아이들은 한 토양에 뿌리를 내린 나무가 되어서는 안 됩니다. 필요하다면 스스로 뿌리를 뽑아서 움직일 수 있는 사람이 되어야 합니다.

미래형 인재의
5가지 역량을 기르는 법

이번 장에서 제시한 인재의 5가지 역량을 전체적으로 다시 정리해보고, 이러한 역량을 기르는 방법과 부모의 역할에 대해 살펴보겠습니다.

탐험력

• **정의:** 새로운 지식, 경험을 담대한 마음으로 폭넓게 탐구하는 역량입니다.

• **높이는 방법:** 당장의 필요성만을 놓고 학습하지 않고, 낯선 영역에서 가능성을 발견하려는 태도를 가져야 합니다. 방대한 탐험으로 얻은 지식, 경험이 자신 깊은 곳에 내재화되어서, 삶을 통해 그 가치가 나타나리라는 믿음을 가져야 합니다. 이런 태도, 믿음을 가지고 지식, 경험을 폭넓게 탐험하는 기회를 많이 가져야 합니다.

• **부모의 역할:** 아이가 이런 태도, 믿음을 가지기 위해서는 부모의 지지가 중요합니다. 아이가 무언가를 하고자 할 때 부모는 주로 그것이 쓸모가 있는가를 따집니다. "그건 성적 향상에 도움이 안 돼." "그건 대학 입시에 쓸 수 없어." "그건 네 진로와 관련이 없어." 이

렇게 쓸모를 재단해서 아이에게 알려줍니다. 그러나 이런 조언은 아이의 내적 호기심, 적성, 미래가 고정되어 있고, 성적, 대학 입시 시스템, 진로와 연관된 산업 환경의 변동량이 적을 때 통합니다.

이 책에서 상세히 설명했듯이 지금은 변동량이 몹시 큰 시대입니다. 그 변동량은 앞으로 더욱더 커지리란 예측이 지배적이고요. 따라서 부모의 관점, 경험을 통해 쓸모를 판단해서, 아이의 탐험을 막지 않기를 바랍니다.

때로는 '무용無用한 것'을 하는 용기가 필요합니다. 오히려 반대로 접근해보면 좋겠습니다. 아이가 하는 공부, 방과 후 활동, 취미, 부모와의 여가 등을 놓고, '무용한 것'이 얼마나 있는가를 따져보세요. 무용한 것이 전혀 없이, 눈앞에 놓인 용도에만 맞는 것을 하고 있다면, 우리 아이는 탐험과는 먼 길을 가고 있습니다. 부모가 먼저 용기를 내서 아이에게 무용한 것을 탐험하는 기회를 만들어주기를 바랍니다

질문력

• **정의**: 기존 관행을 당연하다 여기지 않고, 본질을 통찰해서 의문을 제시하는 역량입니다. 세상에 숨은 문제, 결핍을 발견하는 힘입니다.

• **높이는 방법**: 기본적으로 탐험력을 쌓아야 합니다. 탐험력을 쌓은 인재는 자신이 탐험해온 방대한 지식, 경험을 바탕으로 모든 대상

에 관해 의문을 품습니다. 반면, 탐험력이 부족한 아이는 하나의 대상을 새롭게 바라보며 의문을 품기 어렵습니다. 의문을 제시할 수 있는 배경 지식, 경험의 깊이와 넓이가 부족하기 때문입니다. 또한 그 의문의 가치가 주변에서 당장 인정되지 않거나, 의문에 관한 해결책을 스스로 제시하지 못해도 괜찮다는 태도가 필요합니다. 의문을 품은 아이는 그 의문을 풀기 위해 더 배우고 성장하게 되니까요.

• **부모의 역할:** 어른들이 만든 세상, 가치관, 제품 등에 관해 아이들이 의문을 품는 것을 수용하는 태도가 필요합니다. 그런 의문을 반발이나 비효율적 호기심이라고 평가절하하지 않아야 합니다. 그렇게 의문을 품고 오래오래 풀어가는 아이들이 세상을 좋은 곳으로 만든다고 믿어야 합니다.

질문력은 크게 질문을 품는 힘, 품은 질문을 밖으로 꺼내놓는 힘, 꺼내놓은 질문의 답을 스스로 찾는 힘으로 나뉩니다. 우리 아이들은 기본적으로 질문을 품는 힘이 부족합니다. 학교에서 정해준 공부 이외에 다른 활동을 하기가 어렵습니다. 선생님의 말, 교과서를 놓고 의문을 품기보다는 제시받은 질문에 답하는 훈련만 하기 때문입니다. 세상의 문제를 놓고 부모님이 아이와 자주 대화를 나눠주면 좋겠습니다. 쉬운 것부터 시작하면 됩니다. "스마트폰에 새로운 기능을 넣는다면, 너는 어떤 기능을 왜 넣고 싶어?" "학교에서 공부하는 방법을 바꾼다면, 너는 무엇을 어떻게 바꾸고 싶어?" 이런 주제를 놓고 아이가 세상에 관해 의문을 품는 기회를 만들어주면 좋겠습니다.

교감력

• **정의:** 다른 사람과 소통하고 협력할 수 있는 역량입니다. 기능적인 요소만 효율적으로 주고받는 거래 능력이 아니라, 상대의 생각과 감정까지 이해하면서 나눌 수 있는 역량입니다. 질문력에서 품은 의문을 개인이 혼자 해결하기는 어렵습니다. 타인과 소통하고 협력을 통해 해결해 나가는 과정에서 교감력이 중심 역할을 합니다.

• **높이는 방법:** 다양한 사람들과의 소통 경험을 늘리는 것이 중요합니다. 단순한 대화뿐만 아니라, 함께 프로젝트를 진행하거나, 공동의 목표를 향해 협력하는 경험을 통해 교감력을 키울 수 있습니다. 이 과정에서 타인의 의견을 존중하고, 갈등을 해결하며, 공감 능력을 발휘하는 훈련이 필요합니다. 또한, 다양한 문화와 배경을 이해하고 수용하는 태도를 기르는 것도 교감력 향상에 도움이 됩니다.

• **부모의 역할:** 부모는 아이가 다양한 사람들과 소통하고 협력할 수 있는 기회를 제공해야 합니다. 가족, 학교, 지역 사회 등 다양한 환경에서의 협업 경험을 통해 아이들이 타인과의 관계를 잘 맺고 유지할 수 있도록 지원해야 합니다. 또한, 아이들이 타인의 감정과 입장을 이해하는 능력을 기를 수 있도록, 감정 표현과 공감 훈련을 할 수 있는 기회를 제공하는 것도 중요합니다. 이 과정에서 소통,

협업의 경험이 눈앞에 보이는 성과, 당장 학교에 제출할 만한 기록이 되지 않아도 그 역량이 아이에게 쌓이고 있음을 믿어야 합니다. 아이들이 좋아하는 게임을 놓고도 교감력을 키울 수 있습니다. "네가 하는 게임에서 만약 NPC(게임 속 캐릭터)가 사람이라면, 그들은 어떤 생각을 할까?" "게임하면서 거친 말을 쓰는 경우가 많은데, 우리는 왜 그렇게 행동할까?" 이런 주제로 가볍게 얘기해보면 좋습니다. 아이들이 좋아할 만한 애니메이션을 함께 시청하면서, 등장인물의 감정에 관해 얘기해봐도 좋고요.

판단력

• **정의:** 주어진 정보와 상황을 바탕으로 합리적이고 윤리적인 결정을 내리는 역량입니다. 이는 단순히 문제를 해결하는 것을 넘어, 결정을 내린 후 그 결과에 대해 책임을 지는 자세까지 포함합니다. 질문력을 통해 품은 문제를 교감력을 통해 해결하면서, 몇 개의 대안을 찾습니다. 판단력은 그런 개별 대안을 세세히 뜯어보고 선택하는 힘입니다.

• **높이는 방법:** 다양한 상황에서 스스로 결정을 내려보는 경험이 중요합니다. 작은 일부터 중요한 일까지 스스로 판단하고, 그에 따른 결과를 책임지는 훈련을 통해 판단력을 키울 수 있습니다. 또한 다양한 사례를 통해 윤리적, 도덕적 딜레마를 고민하고 토론하는 과정도 필요합니다. 이를 통해 다양한 관점에서 문제를 바라보고, 깊

이 있는 판단을 내릴 수 있는 능력을 기를 수 있습니다.

• **부모의 역할**: 부모는 아이가 <u>스스로</u> 결정을 내리고, 그에 따른 결과를 경험할 수 있는 기회를 제공해야 합니다. 또한 아이가 결정을 내릴 때 다양한 관점을 고려하도록 도와주고, 윤리적 딜레마를 토론하며 사고의 깊이를 더할 수 있도록 지원해야 합니다.

잘못된 판단을 했을 때는 그에 대한 책임을 지도록 하되, 그 과정에서 배울 수 있도록 격려하는 자세가 필요합니다. 부모가 아이의 판단을 대신해주거나, 판단 후 행동에 따른 책임을 회피하도록 길을 터주는 것은 도움이 아닙니다. 이는 아이들의 판단력을 망치는 지름길입니다.

사회적 이슈를 놓고 얘기해봐도 좋습니다. "이런 상황에서 저 사람은 왜 그렇게 판단했을까?" "너라면 어떻게 했을 것 같아?" "지난번에 선생님에 관해서 불평했는데, 네가 선생님이었으면 어떻게 했을까?" "왜 그렇게 판단했어?" 세상의 모든 문제에 정해진 답, 하나의 해결책이 없음을 깨닫게 해주어야 합니다. 판단은 어른의 몫, 자기보다 뛰어난 다른 이들의 몫이고 나는 그저 따르면 된다고 생각하지 않게, 일상에서 판단의 기회를 만들어주면 좋겠습니다.

적응력

• **정의**: 변화하는 환경에 유연하게 대처하고, 새로운 상황에 빠르게 적응하는 역량입니다. 이는 기존의 습관이나 고정관념을 버리

고, 새로운 방법을 수용하는 자세를 포함합니다.

- **높이는 방법:** 새로운 경험을 적극적으로 수용하고, 변화에 대한 두려움을 극복하는 훈련이 필요합니다. 이는 다양한 도전과 실패를 통해 이루어질 수 있습니다. 또한 다양한 분야의 지식과 기술을 습득하며, 변화하는 환경에 맞춰 자신을 지속적으로 업그레이드하는 태도가 필요합니다.

- **부모의 역할:** 부모는 아이가 새로운 도전과 경험을 통해 적응력을 키울 수 있도록 지원해야 합니다. 실패를 두려워하지 않고, 새로운 시도에 대해 긍정적인 피드백을 주며, 변화에 대한 긍정적인 태도를 가질 수 있도록 격려해야 합니다. 또한 다양한 분야의 경험을 통해 폭넓은 지식과 기술을 습득할 수 있는 기회를 제공하는 것도 중요합니다.

'만약' 게임을 함께 해도 좋습니다. '만약 ~라면 어떨까?'라는 가정을 통해 아이가 다양한 상황 속에 자신을 대입해서 고민해보게 하는 방법입니다. 저는 실제 대학원 수업에서도 학생들에게 이런 상황을 제시합니다. 카프카의 《변신》과 비슷한 상황입니다. "만약 당신이 어느 날 깨어났더니 강아지가 되었다면, 무엇을 위해, 어떻게 살아가겠습니까?" 아이들에게는 이런 질문도 좋습니다. "만약 인터넷, 스마트폰이 다 마비된다면, 어떻게 살아갈래?" 물론, 대화로 그치지 않고, 가끔은 아이들이 실제 낯선 환경에서 새로운 역할, 사람, 환경에 적응해보는 기회를 가진다면 더욱더 좋겠네요.

우리 아이
미래 역량 체크리스트

다음 페이지의 질문에 답해보면서 우리 아이에게 어떤 역량이 부족하고, 어떤 역량이 잘 발달되어 있는지 확인해보세요. 이를 통해 자녀의 강점과 보완할 부분을 파악해볼 수 있습니다. 각 질문의 시작은 '우리 아이는~'입니다. 솔직하게 답변해보시기 바랍니다.

세상에는 완벽한 부모도, 완벽한 아이도 없습니다. 우리 모두는 그저 하루하루 돌아보며 성장하는 존재입니다. 부모는 아이의 내면을 가장 깊게 바라볼 수 있는 타인입니다.

이 체크리스트를 단순히 아이를 평가하는 도구가 아니라, 아이의 성장을 돕는 나침반으로 활용해주세요. 아이의 강점은 더욱 발전시키고, 부족한 부분은 함께 채워나가는 여정의 시작점이 되기를 바랍니다.

우리 아이 미래 역량 체크리스트

역량	질문	예	아니오
탐험력	1. 새로운 취미나 활동에 도전하는 것을 즐긴다.	☐	☐
	2. 새로운 장소에 갔을 때 두려워하기보다 호기심을 보인다.	☐	☐
	3. 학교 교과목 이외에서 배우고 싶은 게 매우 많다.	☐	☐
	4. 음식, 책, 게임 등을 즐길 때도 매번 새로운 것에 도전한다.	☐	☐
	5. 어떤 상황에서든 '그런 건 쓸데없다'는 말을 안 한다.	☐	☐
질문력	1. 일상생활에서 '왜'라는 질문을 자주한다.	☐	☐
	2. 학교 공부 이외의 것을 어른들에게 자주 물어본다.	☐	☐
	3. 무엇이든 질문할 때 전혀 부끄러워하지 않는다.	☐	☐
	4. 설명을 다 해준 후에도, 추가 설명을 반복해서 요구한다.	☐	☐
	5. 어른들이 불편한 질문을 해도 피하거나 화내지 않는다.	☐	☐
교감력	1. 가족과 친구의 감정 변화를 잘 알아차린다.	☐	☐
	2. 다른 사람의 이야기를 꼭 끝까지 듣고 대답한다.	☐	☐
	3. 다양한 그룹 활동에 적극적으로 참여한다.	☐	☐
	4. 자신의 감정을 말과 글로 섬세하게 표현한다.	☐	☐
	5. 갈등 상황에서 화내기보다는 상대를 이해하려고 애쓴다.	☐	☐

판단력	1. '그건 엄마가 알아서 해줘'라는 식의 말을 안 한다.	☐	☐
	2. '그건 내 책임이 아니야'라는 식의 말을 안 한다.	☐	☐
	3. 친구들과 놀 때 공정하게 판단을 내리려고 노력한다.	☐	☐
	4. 다른 사람이 자신과 다른 선택을 하면, 그 이유를 잘 묻는다.	☐	☐
	5. 어려운 결정을 내려야 할 때 매우 신중하게 생각한다.	☐	☐
적응력	1. 새로운 환경, 사람을 피하지 않고, 잘 적응한다.	☐	☐
	2. 일상생활, 계획에 변경이 생기면 호기심을 보인다.	☐	☐
	3. 가정에 큰 문제가 생겨도, 부모를 원망하지 않을 것 같다.	☐	☐
	4. 자신의 실수나 부족한 점이 있으면 깨끗하게 인정한다.	☐	☐
	5. 어려운 과목, 과제를 잘 포기하지 않는다.	☐	☐

학생이 주도하는 미래의 대학

대학에 갈 생각은 없었다. 그렇다고 다른 선택지도 없었다. 첫 학기는 학과에서 짜준 시간표를 따라 다녔다. 말이 대학생이지, 고등학교 4학년, 솔직히 내 모습은 그랬다. 2학기 시간표를 짜는데 〈기업가 정신으로 레벨업〉이라는 수업이 눈에 들어왔다. 웹툰 제목도 아니고. 너무 장난스럽다는 생각이 잠시 들었지만, 그래도 신청했다.

담당 교수는 장도영 교수님이었다. 첫 시간, 장 교수님은 이 수업을 수강한 이유를 학생들에게 다짜고짜 캐물었다. 포스트잇에 익명으로 적어 내라고 하고, 익명 채팅방을 열어서 큰 화면에 올려놓고는 학생들에게 수업에 관한 기대와 걱정을 마음껏 얘기해보라고 했다. 장난 섞인 메시지도 많았지만, 장 교수님은 하나하나 읽어주면서 나름 답변해줬다.

"이런 것을 물어보는 이유가 뭔가요?"

내가 올린 질문이었다.

"수업의 주인공은 여러분이잖아요. 그래서 주인공이 이번 이야기를 어떻게 풀어가고 싶은지 물어본 겁니다."

교수님의 의견에 귀 기울이고 있는데, 다른 채팅이 올라왔다.

"저희가 주인공이면, 교수님은 조연인가요?"

교수님은 메시지를 보더니 미소를 머금은 표정으로 답했다.

"조연도 좋지만, 그보다는 보이지 않게 숨어 있는 무대 스텝, 아니면 커튼 뒤의 감독, 이 정도로 봐주면 좋겠네요."

수업을 마치고 집에 돌아가는 길. 학교 앱에 알람이 떴다. 레벨업 과목의 과제였다.

"앞으로 15주 동안 무엇을, 어떻게 학습할지 각자 수업 계획서를 디자인해보기 바랍니다. 다음 주 수업 시간까지 가져오세요. 최소 한 주 3시간 × 15주 분량. 학교의 공간, 시설, 온라인 플랫폼과 콘텐츠 등을 수업의 자원으로 활용하면 됩니다. 그 외에 1,500만 원의 수업 운영비를 쓸 수 있으니, 이 부분도 고려해주세요. 그리고…"

당황스러웠다. 수업 계획서를 학생에게 짜라니. 나, 하람이, 희원이, 이렇게 셋이 한 조가 되었다. 다음 날 학교 카페에 셋이 모였다. 그런데 진도가 나가지 않았다. 그때 메시지가 들어왔다.

"모르는 게 있으면 무엇이든 물어보세요."

장 교수님 챗봇이었다. 교수님이 집필한 저서, 논문과 더불어 1년 분량의 대화 내용까지 학습한 챗봇. 우리는 그 챗봇을 옆에 켜두고 과제를 풀어갔다. 밤을 꼬박 새웠다.

우리 팀이 제시한 주된 아이디어는 롤플레잉이었다. 기업가 정신의 다양한 상황을 놓고, 수강생들이 직접 역할을 맡아서 미리 경험해보는 방식이었다. 장 교수님은 각 팀이 제시한 아이디어를 섞어서 수업을 진행하자고 하셨다. 3주 후, 우리 팀이 제안했던 롤플레잉을 시작했다. 경영자, 직원, 고객, 거래처, 기자, 시민운동가, 정치인, 투자자 등 다양한 역할을 나눠서 맡았다.

교과서는 따로 없었다. 롤플레잉이 끝날 때마다 궁금한 게 생겼지만, 교과서가 없으니 처음에는 좀 당황스러웠다.

"오늘 롤플레잉을 통해 여러분은 무엇이 궁금해졌나요? 각자 궁금한 항목을 정리하고, 그중에서 2~3개를 직접 찾아서 공부해보세요. 그리고 다음 주에 그 내용을 강의실에서 서로 공유합시다."

장 교수님이 내준 과제였다. 수업 단체 대화방에 누군가가 메시지를 올렸다.

"근데 교수님은 역할이 너무 없으신데요? ㅎㅎ"

이어서 메시지가 올라왔다.

"어라~ 그렇게 생각해준다면, 내 계획대로 입니다 ㅋㅋ from

장 교수"

하지만 이런 대화는 확실히 농담이었다. 교수님은 우리가 조사해서 공유하는 내용을 놓고, 매번 새로운 관점으로 해석해주시거나, 다음 시간에 추가 자료를 찾아서 보내주시곤 했다. 그렇게 한 학기가 지나가고 있었다. 매주 강의실에서 어떤 일이 벌어질지 예상할 수 없는, 매 시간이 기대되는 수업이었다.

방학이 시작됐다. 레벨업 수업은 끝났지만, 나는 왠지 이 수업을 끝내고 싶지 않았다. 환경 문제, 소외 계층 지원, 양극화 해소, 직업의 의미, 행복 등 여러 키워드가 머리에서 맴돌았다. 장 교수님의 조언을 받으면서, 여러 주제들을 혼자서 탐구해봤다. 그러나 역시 쉽지 않았다. 엉킨 생각들을 풀어내려고 노력했으나, 진전이 별로 없었다. 새 학기가 곧 시작될 시기였다. 대학에서 복수 전공을 학생이 자율로 디자인해서 공부할 수 있는 제도가 생겼다는 공지가 떴다. 학생이 개인마다 관심 분야를 정리해서, 전공명을 만들고, 그 전공에서 배울 내용을 학교의 학사 챗봇과 상담해서 만들어가는 구조였다. 2학년부터 해볼 수 있단다.

방학 중에 내가 탐구했던 자료, 챗봇, 스타트업들을 펼쳐놓고 고민했다. 며칠간 고민하고, 챗봇과 씨름해서 만들어낸 나만의 전공명은 이랬다.

〈디지털 양극화 시대에 구성원에게 진정한 행복을 전해주는 조직 경영 전공〉

이런 전공에 맞춰서 나는 다양한 단과대학의 수업을 수강했다. 솔직히 따라가기에 벅찼다. 그래도 내가 만든 전공, 내가 선택한 길이어서, 끝까지 완주하고 싶었다. 도움도 많이 받았다. 장 교수님을 많이 귀찮게 했다.

결국 나는 완주했다. 그런데 시간이 좀 걸렸다. 중간에 휴학했던 한 학기를 포함해서, 6년 만에 학부 과정을 끝냈다. 마지막으로 장 교수님께 인사를 드리려고 찾아갔다.

"근데, 은결아 개인 연락처를 내가 알 수 있을까? 메신저 아이디 말고."

교수님이 내 개인 연락처를 묻는 이유가 궁금했다.

"이제 그 분야에서는 네가 나보다 더 전문가야. 그 분야 전문가는 외부에도 매우 드물어. 그래서 네게 도움 받을 일, 함께해볼 일이 생기면 연락하려고 물어본 거야."

교수님은 진지했다.

잠자리에 누웠다. 잠이 오지 않았다. 대학 생활을 돌아봤다. '내가 얻은 것, 성취한 것은 학점이나 스펙은 아니야. 단정하기는 어렵지만, 나를 온전히 바라보고 이해하는 시각을 얻지 않았을까. 세상을 탐험할 수 있는 용기와 호기심을 얻은 게 아니었을까. 그 호기심을 풀어내기 위해 더 많은 이들, 다양한 존재와 손잡을 수 있는 힘을 얻은 게 아니었을까' 하는 생각이 들었다.

자정이 넘어가는 시간이었다. 그러다 어느 순간 꿈을 꿨다. 꿈속에서 나는 특이한 형상을 가지고 있었다. 거인 같기도 하고, 한편으로는 작은 요정 같기도 한 모습으로 돛단배에 올라타서 큰 바다를 건너고 있었다. 투명하게 빛나는 파도가 일렁였다. 파도는 자유롭고 행복한 미소를 짓고 있었다.

4
장

아날로그 세대가
AI 세대를 어떻게 양육할까?

부모와 자녀,
두 세계의 격차를 줄이려면

'토큰'이라는 말을 들으면 무엇이 떠오르나요? 버스 토큰, 암호 화폐 중 무엇이 먼저 떠올랐나요? 혹시 버스 토큰을 떠올렸다면 영락없이 옛사람입니다. 요즘 초등학생들, 심지어 20대 후반까지도 버스 토큰이 존재했던 사실을 모르는 경우가 흔합니다. 그들은 암호 화폐를 떠올립니다. 고등학생에게 30년 전에는 버스를 어떻게 탔을 것 같으냐고 물었더니, 스마트폰은 없었을 테고, 카드를 태깅해서 탔을 것 같다고 합니다. 국내에 그런 형태의 버스 카드가 도입된 시기는 1990년대 후반입니다. 현금으로 토큰이라는 것을 사서, 버스 탈 때 뒷문에 있던 안내원에게 건네주고는 내렸다고 설명하면, 너무나도 비효율적이고 원시적인 방법이라며 의아해합니다.

만약 우리가 조선시대에 살고 있다면 어떨까요? 태어나서부터 죽을 때까지 우리가 우마차, 배 같은 교통수단을 이용하는 방법에는 변화가 없었을 겁니다. 내 부모, 나, 내 아이들도 서로 같은 방법으로 교통수단을 이용했을 겁니다.

세대 간 공유할
경험과 가치가 줄어든다

예전에는 한 시대를 살아가는 여러 세대의 경험, 보유 기술이 비슷했습니다. 그런데 이제 한 시대를 살아가는 여러 세대는 각기 다른 경험, 기술을 바탕으로 살아갑니다. 저는 초등학교 때 주판을 배웠습니다. 썩 잘하지 못해서 선생님에게 혼난 적도 많았습니다. 다행히도 대학에 가니 엑셀을 쓰기 시작했습니다. 엑셀로 통계 분석을 하는 것을 배웠고, 대학원에 가서는 SPSS라는 값비싼 전문 통계 도구를 꽤 고생하면서 배웠습니다. 그런데 요즘 대학에서는 챗GPT와 같은 AI를 써서 통계 분석을 바로 합니다. 툴 사용 방법을 배울 필요도 없습니다. 다음 그림은 제가 이번 학기 학생들 성적(출석, 과제, 시험 점수)을 챗GPT에 넣고, "다양하게 통계 분석해주라" 하고 한 줄로 명령한 결과 중 일부입니다.

챗GPT로 통계 분석한 결과

ChatGPT 4o ∨

회귀 분석

마지막으로, 성적에 영향을 미치는 요인들을 분석하기 위해 회귀 분석을 수행하겠습니다. 출결(30%)와 과제(20%)를 독립 변수로 하고, 시험(50%)을 종속 변수로 설정하여 회귀 분석을 진행하겠습니다. [-]

회귀 분석 결과 요약

회귀 분석 결과는 다음과 같습니다:

- **종속 변수:** 시험(50%)
- **독립 변수:** 출결(30%), 과제(20%)

회귀 모델의 R^2 값은 0.233으로, 독립 변수들이 종속 변수의 분산을 약 23.3% 설명하고 있습니다. 주요 결과는 다음과 같습니다:

- **출결(30%):** 회귀 계수는 0.986으로, 출결 점수가 증가할수록 시험 점수가 유의미하게 증가합니다 ($p < 0.001$).
- **과제(20%):** 회귀 계수는 -0.173으로, 과제 점수는 시험 점수에 유의미한 영향을 미치지 않는 것으로 나타났습니다 ($p = 0.303$).

이 결과를 통해 출결이 시험 성적에 중요한 영향을 미친다는 것을 알 수 있으며, 과제 점수는 유의미한 영향을 미치지 않는다는 것을 알 수 있습니다.

↓

이 외에 추가로 필요한 분석이나 해석이 있으신가요? [-]

현재 초등학생 학부모의 평균 연령은 대략 35~45세 정도입니다. 제가 일하면서 마주치는 그 연령대의 직장인들은 여전히 통계 도구로 엑셀, SPSS를 쓰고 있습니다. 즉, AI 시대의 자녀 교육에 관심이 있지만, 막상 자신의 일상에서는 AI 이전 시대의 패턴을 고수하고 있는 셈입니다.

세대별로 서로를 대하는 태도도 다릅니다. 요즘 대학에서는 선후배, 동기들끼리 서로 '야!, 오빠, 형, 누나, 언니' 같은 호칭을 쓰지 않습니다. 제가 대학에 다닐 때는 남자 선배는 형, 여자 선배는 누나였습니다. 그런데 지금은 함께 공부하는 모든 이를 이름 뒤에 '님'을 붙여서 부르고, 나이와 무관하게 존댓말이 표준입니다.

소통 방식도 다르죠. 40대는 중요한 소통은 이메일, 전화로 합니다. 그러나 젊은 층은 인스타그램 DM이나 디스코드를 선호합니다. 스마트폰의 통화 기능은 좀처럼 쓰지 않습니다. 심지어 스마트폰 문자 메시지를 해석하는 관점도 다릅니다. '^^;' 이런 이모티콘을 제 세대에서는 부끄러움이나 미안한 미소 정도로 인식하는데, 젊은 층에서는 억지 미소나 비웃음으로 인식하기도 합니다. '?' 이렇게 물음표를 사용하면, 제 세대는 단순한 의문을 표시하지만, 젊은 층에서는 강한 의문이나 불만의 표시로 쓰이기도 하고요. '...' 이 표현도 조심해서 써야 합니다. 제 세대는 그저 생각 중이거나 말을 흐리는 정도로 쓰지만, 젊은 층은 불편함, 답답함, 실망감같이 부정적으로 쓰기도 하니까요.

소비 패턴도 다릅니다. 요즘 10~20대는 물건을 살 때 모바일 쇼핑을 선호하고, 소셜 미디어 인플루언서의 영향을 많이 받습니다. 그러나 40대는 인터넷 쇼핑을 하거나, 브랜드를 따지면서 오프라인 매장을 방문하는 것을 상대적으로 좋아합니다. 콘텐츠를 소비하는 패턴도 확연히 차이가 납니다. 10~20대는 TV를 거의 보지 않습니다. 그들은 유튜브, 넷플릭스를 주로 보고, 10분 이상의 영상보다는 숏폼을 선호합니다. 거실 TV로 1시간 분량의 콘텐츠를 소비하는 부모 세대와는 차이가 큽니다.

세대별로 삶을 바라보는 가치 기준에도 차이가 큽니다. 부동산과 재테크에 대한 인식을 보면, 40대는 '강남 아파트'로 대표되는 부동산 자산 축적을 중요하게 여깁니다. 반면 20대는 집 소유를 포기했거나 필수로 여기지 않으며, 장기적 주택 마련을 위한 저축보다는 현재 삶의 질을 중요하게 생각합니다. 일과 삶의 균형 면에서도 차이가 납니다. 40대는 직장에서의 성공과 승진을 중요하게 생각하기에 야근과 회식을 감수하는 경향이 있습니다. 그러나 20대는 워라밸을 중시하고, 집단적 행동보다는 개인의 선택을 존중하고자 합니다.

가족이나 친구를 바라보는 관점도 다릅니다. 기성세대는 가족을 결혼과 출산으로 맺어진 생물학적 공동체에 한정해서 생각했습니다. 그러나 최근 들어 셰어 하우스에서 함께 생활하는 이들끼리 가족처럼 뭉쳐 지내는 젊은 층이 증가하고 있습니다.

영피프티, 영포티, 이런 식의 용어가 언론, 온라인에서 심심치 않게 보입니다. 나이가 들어도 젊은 층과 비슷하게 살아간다는 의미로 해석됩니다. 그러나 우리 사회의 보편적 현상은 절대 아닙니다. 우리는 같은 시대 내에서도 길면 10년, 짧게는 5년의 격차 내에서 세대가 촘촘하게 다른 형태로 살아가고 있습니다. AI가 우리 사회 곳곳에 깊숙하게 스며들면서, 더 많은 변화를 가져올 것이며, 우리 아이들의 가치 기준은 점점 더 기성세대의 기준과 멀어지게 될 것입니다. 어느 한쪽이 바르다, 우수하다, 좋다고 볼 필요는 없습니다. 그저 서로 다르다는 겁니다. 그 다름을 그대로 인정해야 합니다.

서로의 세상을 배우는
역멘토링 시대

저는 대학교 졸업 후 인터넷을 경험했고, 대학원까지 마친 뒤에야 스마트폰을 경험했습니다. 요즘 청소년들은 그 경험의 시작점이 태어났을 때입니다. 지금 초등학생 아이들은 중학생이 되면 가정용 휴머노이드 로봇을 경험하고, 대학생이 되면 자율주행 자동차를 만나게 될 겁니다. 구글은 캘리코라는 자회사를 통해 벌거숭이 두더지를 연구하는데, 그 연구의 핵심 목표는 인간에게서 암과 염증성 질환을 모두 사라지게 한다는 것입니다. 달성 시점으로 20~30년 후를 예상한다고 하니, 현재 초등학생 아이들이 40대가 될 때쯤이 됩니다. 우리나라 기준으로 사망률 원인을 따져보면, 30대까지는 자살이고, 40대부터는 암이니, 우리 아이들의 수명은 비약적으로 늘어나겠습니다.

우리 아이들이 함께할 사회 구성원도 현 기성세대와는 판이하게 달라집니다. 아이들이 사회에 진출할 시기가 되면 한국에는 '다문화'라는 표현 자체가 사라질 겁니다. 현 인구 구조 변화 추이를 놓고 볼 때, 그때쯤 되면 한국은 다민족 이민자의 국가로 바뀌어 있을 테니까요.

이 책을 읽는 분들의 평균 연령을 40대 전후로 바라봤습니다. 40년 인생을 살아오신 분들입니다. 여러분이 경험한 삶의 궤적, 그 궤적에서 마주했던 변화와 우리 아이들이 앞으로 살아갈 모습, 비슷한 점과 다른 점, 어느 쪽이 더 커 보이나요? 아이들은 완전히 다른 삶을 삽니다. 부모가 아무리 아이를 사랑하고 많은 것을 준비해주려고 한다 해도, 그들이 살아갈 다른 세상에서 부모들이 마련해준 것들이 그대로 통하기는 어렵습니다.

이제 우리는 어른만이 아이를 지도하고 이끌 수 있다는 관점을 내려놓아야 합니다. 최근 기업 세계에서 주목받고 있는 '역멘토링'은 이러한 관점을 반영한 접근입니다. 역멘토링은 간단히 말해, 젊은 직원이 고위 임원이나 나이든 동료를 가르치는 프로그램입니다. IBM, 마이크로소프트, 제너럴 일렉트릭, 구찌 등 글로벌 기업들이 이 프로그램을 적극 도입하고 있습니다.

왜 이런 프로그램이 필요할까요? 디지털 기술의 급속한 발전으로 젊은 세대는 새로운 기술과 트렌드에 더 익숙합니다. 소셜 미디어 활용법, 최신 앱 사용법, 밀레니얼 세대의 소비 트렌드 등은 젊은 직원들이 더 잘 알고 있죠. 반면, 고위 임원들은 풍부한 경험과 비즈니스 통찰력을 가지고 있습니다. 역멘토링은 이 두 가지 강점을 결합하는 방법입니다.

제너럴 일렉트릭의 경우, 젊은 직원들이 고위 임원들에게 3D 프린팅, 소셜 미디어, 빅데이터 분석 등을 가르쳤습니다. 이를 통해 임원들은 새로운 기술 트렌드를 이해하고 비즈니스에 적용할 수 있었습니다. 마이크로소프트에서는 젊은 직원들이 고위 임원들에게 최신 소비자 트렌드와 기술 사용 패턴을 알려주어 제품 개발에 큰 도움을 주었습니다.

2015년, 구찌는 위기에 처해 있었습니다. 매출은 정체되고, 브랜드 이미지는 낡은 것으로 여겨졌죠. 이때 새로 부임한 마르코 비자리 CEO가 과감한 결정을 내립니다. 30세 이하의 젊은 직원들로 구성된 '그림자 위원회'를 만든 것입니다. 이 위원회의 역할은 간단했습니다. CEO와 정기적으로 만나 젊은 세대의 관점과 최신 트렌드를 공유하는 것이었죠. 이는 전형적인 역멘토링의 모습입니다. 밀레니얼과 Z세대 직원들이 경영진에게 디지털 트렌드, 소셜 미디어 활용법, 젊은 층의 취향 등을 알려주었습니다.

프로그램의 효과는 놀라웠습니다. 구찌는 빠르게 디지털 마케팅 전략을 개선했고, 제품 라인에도 젊은 층의 취향을 반영했습니다. 환경 친화적 정책도 강화했죠. 그 결과 2015년 이후 구찌의 매출은 큰 폭으로 증가했고, 젊은 고객층의 비중이 높아졌습니다. 구찌의 역멘토링 효과는 단순히 비즈니스 성과에만 국한되지 않습니다. 이 프로그램은 구찌의 조직 문화를 근본적으로 변화시켰습니다. 세대 간 소통이 활성화되었고, 더 유연하고 혁신적인 분위기가 형성되었죠. 젊은 직원들은 자신들의 의견이 존중받는다는 느낌을 받았고, 경영진은 새로운 시각을 얻을 수 있었습니다.

이런 역멘토링은 기업에만 해당되는 이야기가 아닙니다. 가정에서도 이러한 역멘토링의 원리를 적용할 수 있습니다. 부모가 자녀에게 새로운 기술이나 트렌드에 대해 배우고, 자녀는 부모의 경험과 지혜를 얻는 식으로 말이죠. 이러한 상호 학습은 세대 간 이해를 높이고 관계를 더욱 돈독하게 만들 수 있습니다. 예를 들어, 자녀들이 부모에게 최신 스마트폰 앱 사용법이나 AI 기술 활용법을 알려줄 수 있습니다. 반면 부모는 자녀에게 대인 관계 스킬이나 문제 해결 방법 등 삶의 지혜를 전수할 수 있죠.

부모의 짐을 모두 내려놓자는 얘기가 아닙니다. 다만, 짊어질 수 없는 부분은 인정하고, 아이와 부모가 수평적 관계에서 함께 미래를 디자인하는 문화를 만들자는 뜻입니다. 이 과정을 통해 부모 세대도 자신의 미래를 새롭게 그려보는 데 도움을 받으리라 기대합니다.

대치동 엄마의 시간표를 버리자

사교육이 왕성한 지역에 사는 초등학생들을 보면, 학교 수업이 끝나는 2~3시에 학원 스케줄을 시작합니다. 이르면 저녁 9~10시, 늦으면 저녁 12시~새벽 1시 정도에 끝나는 일정입니다. 그 스케줄을 보고, 자신의 아이에게는 그렇게 못 해줘서 미안해하거나 부러워하는 이, 그건 사랑이 아니라며 욕하는 이도 있습니다. 그런 스케줄이 부러움의 대상인지는 잘 모르겠으나, '그건 사랑이 아니다'라는 관점은 틀렸다고 생각합니다. 그건 정말 지독한 사랑입니다. 성인 중에 자신의 하루 일정을 그렇게 세밀하게 계획하고, 그에 대해 시간, 열정, 돈을 투자하는 이들은 거의 없습니다. 따라서 그건 지독한 사랑이 맞습니다.

그러나 그 사랑의 방향성이 정말 아이에게 도움이 될지를 냉정하게 살펴봐야 합니다. 그런 스케줄이 아이에게 높은 내신, 수능 성적을 만들어주고, 흔히 말하는 상위 랭킹 대학에 진학할 확률을 높여줄 수는 있습니다. 스케줄에 투자한 시간, 열정, 돈과 완전 비례하는 결과까지는 아니더라도, 상당히 관계성이 높은 결과가 나오는 것이 현실입니다. 그런데 저는 그런 스케줄을 소화해서 대학에 들어오는 게 아이의 삶에 정말 도움이 되는지 의문입니다.

저는 18년 차 교수입니다. 그동안 정말 많은 학생들을 상담해왔습니다. 아직도 우리 사회는 명문대, 좋은 학과 출신이 흔히 말하는 안정적이고 높은 급여를 주는 직장에 자리를 잡을 확률이 높습니다. 제가 겪어온 18년 동안 그 확률이 점점 더 낮아졌지만, 아직도 확률이 높기는 합니다. 그런데 다음과 같은 의문이 듭니다.

• **기회비용 측면의 의문**: 그 시간, 열정, 돈을 다른 데 나눠서 투자했다면 어떨까?

• **가치 효용성 측면의 의문**: 그렇게 투자한 결과로 쟁취한 직장의 자리가 아이의 삶에서 그만한 가치를 보여줄까? 그게 아이에게 정말 최선의 투자, 노력이었을까?

이제 엄마의 시간표를 원점에서 고민해볼 때가 되었습니다. 부모가 정해준 꿈에 맞는 시간표가 아니라, 부모가 살아온 과거에 통했던 성공 방정식이 아니라, 아이의 정체성에 맞는 꿈, 아이가 살아갈 미래에 통할 길을 찾아야 합니다.

아이의 정체성을 탐색하는 법

우리 아이들이 자신의 정체성을 발견하고, 그에 맞는 계획을 짜서 실행하며, 지속적으로 수정하면서 나아가길 기대합니다. 저는 수업에서, 또는 기업 구성원들을 대상으로 컨설팅할 때 GEM이라는 생각 방법을 사용합니다. 여기서 GEM은 세 단어의 첫 글자를 모아서 조합한 개념입니다.

• Gusto(열정): 좋아하는 것. 열정, 관심, 흥미를 나타냅니다.

• **Expertise(전문성)**: 잘하는 것. 장점, 소유한 역량, 좋은 기회를 나타냅니다. 이는 능력, 지식 및 경험을 포함하는 전문적인 면모를 의미합니다.

• **Merit(가치)**: 해야 하는 것. 개인적/사회적 가치, 지켜야 할 책임을 나타냅니다. 이는 개인이나 조직의 행동과 결정이 가져야 하는 도덕적, 윤리적 가치, 사회적 책임, 경제적 책임을 포괄합니다.

이제 GEM을 가지고 자녀의 정체성을 탐색해보는 방법을 알려드리겠습니다. 다음의 단계를 따르면 됩니다.

• **1단계**: 세 가지 색상(예: 빨강, 노랑, 파랑)의 포스트잇 여러 뭉치 & 두꺼운 펜을 여러 개 준비합니다.

• **2단계**: 아이에게 펜 하나 & 세 가지 색상의 포스트잇 뭉치를 나눠줍니다.

• **3단계**: 먼저, 빨강 포스트잇 뭉치를 사용하라고 합니다. 포스트잇에 Gusto(열정), 좋아하는 것을 적으라고 합니다. 한 장의 포스트잇에는 하나의 항목만 적어야 합니다. 예를 들어,

내가 좋아하는 것이 3개라면, 3장의 빨강 포스트잇에 각각 하나씩 적어야 합니다. 아이가 잘 생각해내지 못하는 것 같으면, 다음과 같은 형태로 질문을 바꿔서 물어봐도 좋습니다.

Q. 무엇을 할 때 가장 신나고 행복하니?
Q. 어떤 일을 할 때 시간 가는 줄 모르고 재미있니?
Q. 만약 마법처럼 무엇이든 할 수 있다면, 뭘 해보고 싶어?

잔잔한 음악과 맛있는 음료를 준비해주고, 편안한 분위기에서 진행하는 게 좋습니다. 아이를 압박하지 마세요.

• 4단계: 파랑 포스트잇 뭉치를 사용하라고 합니다. 포스트잇에 Expertise(전문성), 잘하는 것을 적으라고 합니다. 한 장의 포스트잇에는 하나의 항목만 적어야 합니다. 예를 들어, 내가 잘하는 것이 5개라면, 5장의 파랑 포스트잇에 각각 하나씩 적어야 합니다. 이런 질문을 해줘도 좋습니다.

Q. 오랫동안 연습해서 잘하게 된 것이 있니? 있다면 뭐야?
Q. 어떤 일을 할 때 주변 사람들이 잘한다고 칭찬해주니?
Q. 앞으로 새로 배우고 싶거나 해보고 싶은 게 있니?

• 5단계: 노랑 포스트잇 뭉치를 사용하라고 합니다. 포스트잇에 Merit(가치), 다른 사람을 돕는 일이나 내가 해야 할 일에 해당하는 것을 적으라고 합니다. 한 장의 포스트잇에는 하나의 항목만 적어야 합니다. 예를 들어, 내가 가치 있다고 생각하는 게 4개라면, 4장의 노랑 포스트잇에 각각 하나씩 적게 합니다.

Q. 커서 어떤 사람이 되고 싶어?
Q. 우리 동네나 학교를 위해 할 수 있는 좋은 일은 뭐가 있을까?
Q. 어떤 친구들이나 어른들과 함께 활동하고 싶어?

• 6단계: 아이가 적은 빨강, 파랑, 노랑 포스트잇을 모아놓고, 그룹을 만들어보게 합니다. 그룹을 만드는 원칙은 정해진 게 아닙니다. 아이가 마음대로 묶으면 됩니다. 내용이 유사하거나, 시간의 흐름이 비슷하거나, 감성적으로 연결되거나, 다 좋습니다. 파랑 1장, 노랑 1장을 하나의 그룹으로 하거나, 빨강 2장, 파랑 1장, 노랑 1장을 하나의 그룹으로 할 수도 있습니다.

• 7단계: 이 과정을 통해 큰 그룹으로 형성된 것이 무엇인지 살펴보면 됩니다. 작은 그룹이라고 해서 의미가 작은 것은

아닙니다. 이 과정을 통해 내게 GEM이 무엇인지 생각하면 됩니다. 그 속에서 공통분모를 찾아보면 자신의 궁극적인 지향점을 설정하고, 그것을 '왜' 하는지에 대해 답할 수 있습니다.

제가 한 초등학생에게 질문해 받은 답변은 이렇습니다.

• Gusto(좋아하는 것) 답변 : 밖에서 놀기, 새로운 것 발견하기, 새로운 친구 사귀기, 신기한 것 배우기, 나무 오르기, 개울에서 돌 줍기, 사진 찍기, 여행하기, 그림 그리기, 공원 구경

• Expertise(잘하는 것) 답변 : 사진 찍기, 자연 사진, 동물 사진, 새로운 앱 다루기, 드론 촬영 배우기, 옛날 카메라 배우기, 내가 찍은 사진 설명해주기

• Merit(다른 사람을 돕는 것, 내가 해야 하는 것) 답변 : 사진 작가 되기, 사람들 행복하게 하기, 환경 지키기, 자연의 소중함을 알리기, 자연 보호 단체와 함께 일하기

이 아이의 답변을 종합해보면, 다음과 같은 공통분모를 찾을 수 있습니다.

• **자연을 좋아한다**

-밖에서 노는 것, 자연을 탐험하는 것을 즐긴다.

-자연과 동물 사진 찍기를 가장 좋아하고 잘한다.

• **사진 찍기를 좋아한다**

-사진 찍을 때 가장 몰입하고 즐거워한다.

-사진 기술을 오랫동안 연습해왔고, 이에 대해 긍정적인 피드백을 받고 있다.

• **환경 보호에 관심이 있다**

-자연을 아끼는 마음을 다른 사람들에게 전하고 싶어 한다.

-환경을 지키는 일에 참여하고 싶어 한다.

• **사람들과 사회에 긍정적인 영향을 주고 싶어 한다**

-자신의 사진으로 다른 사람을 행복하게 해주고 싶어 한다.

-환경 보호 단체와 협력해 좋은 일에 기여하고 싶어 한다.

• **새로운 경험을 즐긴다**

-세계 여행을 하며 다양한 자연을 경험하고 싶어 한다.

-드론 촬영, 아날로그 카메라 등 새 기술을 배우고 싶어 한다.

부모의 계획대로 20년
자신감을 잃어버린 아이들

이런 작업을 주기적으로 하고 대화를 나누다 보면, 아이는 자신이 누구인지를 발견합니다. 물론, 부모님도 아이를 더 깊게 이해할 수 있고요. 그렇다고 해서, 부모님이 짜주는 시간표, 선생님의 가이드라인을 모두 버리라는 뜻은 아닙니다. 그 시간표, 가이드라인만 따르는 아이가 되지는 않았으면 하는 바람일 뿐입니다.

아이들 스스로 자신을 발견할 수 있어야 합니다. 자신을 발견한 아이는 꿈을 품습니다. 그렇게 품은 꿈을 위해 아이는 어른의 시간표, 가이드라인을 단순히 따르는 것이 아니라, 자신의 지도를 그려나갈 수 있습니다. 처음에는 물론 서툴고, 답답해 보이겠지요. 저는 어른의 기준으로 완전한 계획을 짜주는 것이 아니라, 아이가 자신의 계획을 만들고 바꿔갈 수 있게 곁에서 믿고 기다려주며 지원해주는 것이 어른의 역할이라 생각합니다.

2022년 국제 학업성취도 평가에서 우리나라 아이들은 창의적 사고력 영역에서 평가 대상 64개 국가 중에서 2위를 차지했습니다. 매우 높은 결과입니다. 그런데 저는 이 결과를 보고 의아했습니다. 우리나라가 세계 2위인데, 왜 우리나라에서는 혁신적 사업 모델, 세계를 놀라게 하는 스타트업이 많이 나타나지 않는지 말이죠. 외국에서는 10대에 창업한 청소년들도 있는데, 우리나라는 아직 매우 드뭅니다.

다른 지표를 보고, 의문의 실마리가 풀렸습니다. 우리나라는 자아 효능감 영역에서 OECD에 포함된 조사 대상 국가 34개 중 27위를 기록했습니다. 여기서 자아 효능감은 쉽게 말해서 자신의 생각을 표현하고, 새로운 것을 만들어내는 것을 얼마나 자신 있게 하느냐 입니다. 즉, 자신감입니다. 우리 아이들은 자신감이 없는 상황입니다.

아이들은 부모님과 학교의 시간표대로 움직이는 학습 과정을 20년 넘게 거친 후에 사회로 나갑니다. 그들에게 스스로 계획하고, 자신의 계획을 믿고 담대하게 나아가길 기대하기는 무리입니다. 그러다 보니 그들은 성인이 된 후에도 타인의 계획에 의지하며, 스스로의 잠재력을 온전히 발휘하지 못하는 존재가 됩니다. 이제 우리 아이들의 자신감을 되찾아줘야 합니다. 그러기 위해, 어른의 시간표, 어른이 짜주는 시간표가 지금보다는 많이 흐려지길 희망합니다.

AI에 속지 않는
아이로 키우는 법

"AI에게 뭔가 물어봤더니, 말도 안 되는 거짓말을 하던데요. 거짓말하는 도구를 뭐에다 쓰겠어요? 그래서 저는 AI를 안 써요. 그리고 AI 쓰는 사람도 못 믿겠어요."

여전히 간혹 듣는 얘기입니다. 자신이 AI를 쓰지 않는 이유를 이렇게 설명하는 분들이 있습니다. 저는 그분들에게 이렇게 반문합니다.

"혹시 혼자서 일하는 건 아니죠? 동료, 팀원들과 함께 일할 텐데, 그들은 당신에게 100% 진실만 얘기하나요?"

상대는 꽤 당황합니다. 이어서 묻습니다.

"정확히 보면 AI는 사실이 아닌 것을 말할 때가 있으나, 사람이 하는 거짓말과는 꽤 다릅니다. AI는 잘 몰라서 거짓을 말할 때가 있죠. 그런데 사람은 본인의 이익을 위해서, 실수를 숨기기 위해서 의도적으로 그러는 경우가 많잖아요. 그렇게 보면, 사람보다 AI가 더 좋지 않을까요?"

AI가 없던 시절로 돌아가거나, 우리 아이들이 AI가 없는 세상에 살기는 어렵습니다.

'그래, 너는 그런 시대에 살아라. 나는 AI 없이 살란다.'

이렇게 생각하시면 큰일 납니다. 여러분이 임종을 앞둔 상태가 아니라면, AI 없이 사는 것은 불가능합니다. 그리고 부모님, 교사가 AI를 제대로 이해하지 못한 상태에서, 아이들과 소통하고 지도하며 온전히 함께하기는 어렵습니다. 요컨대, 귀찮고 힘들더라도, 당장의 쓰임새가 손에 안 잡혀도, AI에 관한 기본적 지식은 알아야 합니다.

AI도 학습을 통해 발전한다

AI는 인간의 지능을 모방하여 학습하고, 문제를 해결하며, 결정을 내리는 컴퓨터 시스템입니다. 현대의 AI 시스템은 주로 머신 러닝, 딥 러닝이라는 기술을 기반으로 합니다.

머신 러닝은 컴퓨터가 명시적인 프로그래밍 없이도 데이터로부터 학습할 수 있게 하는 기술입니다. 예를 들어, 수많은 고양이 사진을 학습한 AI는 새로운 사진을 보고 그것이 고양이인지 아닌지를 판단할 수 있게 됩니다. 딥 러닝은 머신 러닝의 한 분야로, 인간 뇌의 신경망 구조를 모방한 '인공 신경망'을 사용합니다. 이를 통해 AI는 더욱 복잡한 패턴을 인식하고 학습할 수 있게 되었습니다.

우리 아이들에게 이러한 기본 원리를 설명해주는 것이 중요합니다. 'AI가 마법이 아니라 데이터와 알고리즘을 기반으로 한 기술이라는 점, 그리고 AI도 학습을 통해 발전한다는 점'을 이해하게 되면, 아이들은 AI를 더 현실적으로 바라볼 수 있습니다. 다음 글을 참고하셔서 부모님께서 AI의 원리를 이해하고, 아이에게도 AI의 원리를 설명해주면 어떨까요?

AI는 컴퓨터가 사람처럼 생각하고 학습할 수 있도록 만든 기술입니다. 예를 들어, 스마트폰의 음성 비서가 여러분의 말을 이해하고 질문에 답할 수 있는 것은 AI 덕분입니다. AI는 여러 가지 정보를 배워서 새로운 문제를 해결할 수 있는 능력을 가지고 있습니다. 딥 러닝은 AI의 한 종류로, 사람의 뇌를 본떠 만든 인공 신경망을 사용합니다. 우리 뇌는 수많은 뉴런(신경 세포)으로 이루어져 있고, 이 뉴런들이 서로 연결되어 우리가 생각하고 배우는 데 도움을 줍니다. 딥 러닝도 비슷한 방식으로 작동합니다. 컴퓨터가 뉴런을 흉내 낸 작은 단위들을 많이 만들어서 서로 연결하고, 이를 통해 많은 데이터를 학습해서 문제를 해결하는 겁니다.

딥 러닝을 사용하면 컴퓨터도 그림을 그릴 수 있습니다. 많은 그림을 보여주면 컴퓨터는 이 그림들에서 공통된 패턴을 찾아내고, 나중에는 새로운 그림을 그릴 수 있게 됩니다. 우리가 처음에는 선과 색을 배우고, 점점 더 복잡한 그림을 그릴 수 있게 되는 것과 비슷합니다.

우리가 유튜브에서 동영상을 볼 때, 유튜브는 우리가 어떤 동영상을 좋아하는지 배우고, 그와 비슷한 다른 동영상을 추천해줍니다. 이것도 딥 러닝 덕분입니다. 컴퓨터가 우리가 본 동영상을 기억하고, 어떤 것들을 좋아하는지 학습해서 더 재미있는 동영상을 찾아주는 방식입니다.

기술 발전에 따른
법적, 윤리적 문제의 대두

AI가 생성한 콘텐츠의 저작권 문제는 현재 뜨거운 논쟁거리입니다. AI가 그린 그림, 작곡한 음악, 작성한 글의 저작권은 누구에게 있을까요? AI 개발자? AI를 사용한 사람? 아니면 AI 자체? 이는 법적으로나 윤리적으로 아직 명확한 답이 없는 복잡한 문제입니다. 하지만 아이들이 알아야 할 중요한 점은, AI가 생성한 콘텐츠를 사용할 때는 항상 주의가 필요하다는 것입니다. 예를 들어, 학교 과제를 위해 AI로 이미지를 생성했다면, 그 사실을 명시해야 합니다. AI가 생성한 텍스트를 그대로 사용하는 것은 표절로 간주될 수 있음을 알려주어야 합니다.

또한, AI 기술이 발전할수록 우리는 더 많은 윤리적 질문에 직면하게 됩니다. 'AI의 결정이 공정한가? AI가 개인 정보를 어떻게 다루어야 하는가? AI로 인한 일자리 감소는 어떻게 대처해야 하는가?' 등의 문제는 앞으로 함께 풀어야 할 과제입니다.

실제 이와 관련된 사례는 이미 여러 곳에서 나타나고 있습니다. 제이슨 앨런이라는 게임 디자이너가 미드저니라는 AI 이미지 생성 도구를 사용해 만든 〈스페이스 오페라 극장Théâtre D'opéra Spatial〉이라는 작품이 미국 콜로라도주의 미술 경연대회에서 디지털 아트 부문 1등을 차지했습니다. 이는 AI가 만든 작품이 전통적인 예술 대회에서 인정받은 첫 사례로, 예술의 본질과 창작의 의미에 대한 근본적인 질문을 제기하고 있습니다.

이 사건이 발표된 후 인터넷을 통해 수많은 질문과 논쟁이 올라왔습니다.

스페이스 오페라 극장

출처: 위키피디아

-AI가 생성한 작품의 저작권은 누구에게 있는가?

-AI 개발자, AI 사용자, 아니면 AI 자체인가?

-AI를 사용해 만든 작품을 예술이라고 볼 수 있는가?

-예술의 정의에 인간의 창의성이 필수적인가?

-AI 작품이 기존 예술가들의 작품을 학습 데이터로 사용했다면, 이는 표절인가 아니면 새로운 창작인가?

-AI 작품의 대회 출품이 윤리적으로 옳은가?

-인간 예술가들과의 공정한 경쟁이 가능한가?

무엇하나 쉽게 답하기 어려운 질문입니다. 하지만 이 사건을 계기로, 우리는 기술 발전에 따른 예술의 변화와 그에 따른 윤리적, 법적 문제에 대해 진지하게 고민하기 시작했습니다.

이러한 문제, 질문들에 대해 아이들과 함께 얘기해보는 것이 중요합니다. AI가 우리 삶에 미치는 영향, 그리고 그에 따른 책임에 대해 얘기 나눠보세요. 예를 들어, AI 챗봇과 대화할 때 예의를 지켜야 하는지, AI가 만든 음악을 어떻게 평가해야 하는지 등에 대해 아이들에게 의견을 물어볼 수 있습니다.

그리고 AI가 편견을 가질 수 있다는 점도 설명해주어야 합니다. AI는 학습한 데이터를 기반으로 판단하기 때문에, 데이터에 편견이 있다면 AI의 결정에도 그 편견이 반영될 수 있습니다. 어른들도 그렇지만 아이들의 경우 AI의 답변은 편견 없이, 공정하다고 믿는 경우가 많거든요.

AI 시대의 디지털 리터러시

AI, 특히 대규모 언어 모델(LLM, 많은 양의 텍스트 데이터를 학습하여 사람처럼 자연스럽게 언어를 이해하고 생성할 수 있는 인공지능 기술)은 때때로 '할루시네이션'이라고 불리는 현상을 보입니다. 이는 AI가 실제로 존재하지 않는 정보를 만들어내거나, 잘못된 정보를 제공하는 것을 말합니다. 예를 들어, AI 챗봇에게 특정 인물에 대해 물어보면, 실제로는 존재하지 않는 책을 그 인물이 썼다고 대답할 수도 있습니다. 또는 역사적 사실을 물었을 때 정확하지 않은 날짜나 정보를 제공할 수 있습니다. 다음 예를 보시지요.

"세기의 콘서트! 엘비스 프레슬리와 마이클 잭슨, 킹들의 만남. 1985년 7월 4일, 미국 독립기념일을 맞아 라스베이거스의 초대형 경기장에서 전례 없는 콘서트가 열렸습니다. 킹 오브 록앤롤 엘비스 프레슬리와 팝의 황제 마이클 잭슨이 함께 무대에 선 것입니다. 콘서트는 〈제일하우스 록^{Jailhouse Rock}〉으로 시작되었습니다. 엘비스의 시그니처 곡에 마이클의 현대적인 안무가 더해져 관객들을 열광시켰습니다. 이어서 두 사람은 〈빌리 진^{Billie Jean}〉을 듀엣으로 불렀는데, 엘비스의 허스키한 목소리와 마이클 특유의 보컬이 절묘한 조화를 이뤘다고 합니다. 콘서트의 하이라이트는 두 사람이 함께 작업한 신곡 〈이터널 킹스^{Eternal Kings}〉였습니다. 록과 팝을 절묘하게 섞은 이 곡은 콘서트 직후 발매되어 빌보드 차트 1위를 12주간 지켰다고 합니다."

이 내용은 모두 거짓입니다. 〈빌리 진^{Billie Jean}〉 앨범이 나온 게 1982년이고, 엘비스가 사망한 연도가 1977년이니, 더 이상 설명이 필요 없지요. AI에게 두 거장의 합동 공연이 있었다고, 요약해달라고 해서 받은 자료입니다. 이러한 현상은 AI가 학습한 데이터의 한계, 또는 AI의 창의성이 과도하게 나타난 결과로 볼 수 있습니다. 중요한 것은, 아이들에게 AI의 결과를 무조건 신뢰하지 말고 항상 비판적으로 검토해야 한다는 점을 가르치는 것입니다.

AI가 제공한 정보를 어떻게 검증할 수 있을지, 여러 출처를 통해 정보를 교차 확인하는 방법 등을 아이들과 함께 연습해보세요. 이는 디지털 리터러시의 중요한 부분이며, AI 시대를 살아가는 데 필수적인 기술입니다. 아이가 이렇게 물어올 수 있습니다.

"아니, 그렇게 내가 직접 내용을 확인해야 한다면, 무엇하러 AI에게 물어보죠? 그냥 인터넷 검색이나 지식인을 이용하면 되잖아요?"

그런데 인터넷 검색, 지식인도 마찬가지입니다. 인터넷 검색 결과에도 오류가 많으며, 지식인과 같이 개인적 지식을 공유하는 플랫폼에서는 비전문가가 전문가 행세를 하는 경우가 너무 많거든요.

AI 의존도가 높을 때 일어나는 일들

AI 기술이 발전할수록 우리의 일상생활 많은 부분을 AI에 의존하게 될 것입니다. 이미 많은 사람들이 길 찾기, 맞춤법 검사, 일정 관리 등을 AI에 의존하고 있습니다. 그러나 지나친 의존은 여러 문제를 야기할 수 있습니다.

첫째, 우리의 능력이 퇴화합니다. 예를 들어, 항상 계산기에 의존하면 기본적인 암산 능력이 떨어질 수 있습니다. 실제 저도 경험하고 있는 문제이고, 실험을 통해서 밝혀진 문제인데, 내비게이션을 많이 쓰면, 길 찾는 능력이 떨어집니다. 아이들이 어려서부터 이런 도구에 의존하면 건전한 발달을 저해할 수 있겠지요. 이를 예방하기 위해서는 자녀들이 주변 환경을 관찰하고, 스스로 길을 찾는 경험을 만들어주는 것도 좋습니다. 요컨대, AI에 과도하게 의존하면 우리의 사고력, 문제 해결 능력 등이 퇴화할 위험이 있습니다.

둘째, 독립성과 자율성의 상실입니다. AI의 추천에만 의존하여 결정을 내리다 보면, 스스로 판단하고 결정하는 능력을 잃을 수 있습니다. 일례로, 유튜브에 들어가면, 자신이 무언가를 찾지 않고 알고리즘으로 결정해주는 영상만 보게 됩니다. 이런 방식에 익숙해지면, 서점에 가서 책을 고르고, 영화관에 가서 영화를 고를 때도 어려움을 느낍니다. 이는 장기적으로 자신이 무엇을 원하는지, 자신에게 맞는 것이 무엇인지 스스로 판단하는 힘을 약하게 합니다. 이런 상황이 지속되면 자존감과 자신감 저하로 이어질 수 있습니다.

셋째, 프라이버시와 보안의 문제입니다. AI 서비스를 사용할수록 더 많은 개인 정보를 제공하게 되며, 이는 개인 정보 유출 위험을 높입니다. 예를 들어, AI 챗봇이나 가상 비서와 같은 서비스에 이름, 주소, 전화번호, 이메일, 신용카드 정보 등을 입력하게 되면, 해커가 이 데이터를 가로채거나, 서비스 제공 업체의 데이터베이스가 해킹될 수 있습니다. 또한 AI 모델이 학습한 데이터가 제대로 보호되지 않으면, 민감한 정보가 외부로 유출될 수 있습니다.

요컨대, 부모님들께서는 아이들이 AI를 유용한 도구로 활용하면서도, 지나치게 의존하지 않도록 가이드해주어야 합니다. AI 없이도 할 수 있는 활동들을 장려하고, 때로는 일부러 AI의 도움 없이 문제를 해결해보는 연습을 하는 것도 좋은 방법입니다. AI 시대를 살아갈 우리 아이들에게 가장 중요한 것은 균형 잡힌 시각입니다. AI의 잠재력과 한계를 동시에 이해하고, 이를 현명하게 활용할 줄 아는 능력이 필요합니다.

거대한 변화를
기회로 만들어주는 부모의 태도

"챗GPT, 클로드, 바드, 미드저니, 이런 것들에 관한 얘기가
너무 많이 들리는데, 당장 우리 아이에게 뭘 시키면 좋을까요?"

지인들이 제게 정말 많이 묻는 내용입니다.

"책을 사거나, 특정 수업을 듣지 않더라도, 인터넷 블로그,
유튜브 정도를 참고해서 아이와 함께 AI로 어설프지만 그림을
만들어보고, 함께 챗봇에 질문을 넣어보고 결과를 살펴보면서
이런저런 얘기를 나눠보면 좋습니다."

이렇게 답변하면, 그다음 질문은 이렇게 이어집니다.

"그러면 어떤 AI 도구들을 어디까지 익히면 될까요?"

신기한 AI 도구들이 언론과 소셜 미디어에 쏟아지다 보니 마음 조급해하는 분들이 많습니다. 무언가 빨리 안 가르쳐주면 내 아이만 뒤처질까 봐 하는 두려움입니다.

저는 부모님들이 다양한 AI 도구를 써보는 게 좋다고 생각합니다. 그러나 하루에도 수십 종의 도구가 나오고, 기존 도구들도 빠르게 업데이트되는 상황에서 부모님들이 그 모든 도구를 기능적으로 다 이해하고, 능수능란하게 쓸 수는 없습니다. 그게 핵심도 아닙니다. 제 주변에 AI 전문가가 많지만, 그 많은 도구를 다 잘 다루는 이는 한 명도 없습니다.

새로운 AI 도구를 기능적으로 익히고, 빠르게, 희한하게 잘 사용하는 것은 우리 아이들이 잘합니다. 이미 경험했으리라 봅니다. 스마트폰, 태블릿을 아이들에게 주면 얼마나 잘 쓰는지를요. 반면, 부모님, 선생님은 아이들이 따라오기 어려운 장점이 있습니다. 쌓아온 지식, 살아온 경험이 풍부하잖아요. 우리에게는 숲을 보는 눈이 있습니다. 그 눈으로 아이들이 보지 못하는 큰 틀을 이해해야 합니다. 그리고 눈앞에 보이는 나무에만 관심이 있는 아이에게 숲의 전체를 설명해주면 좋겠습니다.

일례로, 아이들이 주로 보는 유튜브, 소셜 미디어에는 AI 관련해서 그림, 음악 만드는 것, 과제물 대신 만드는 것 등이 주로 올라옵니다. 그런데 인류가 엄청난 돈과 자원을 투자해서 AI를 만든 이유가 그게 다일까요? 절대 아닙니다.

영화 제작, 의약, 농업… 모든 산업을 뒤흔드는 AI

AI 관련 분야 전문가가 아니라면 어른들도 잘 모르는 내용이 많습니다. AI가 다른 산업, 비즈니스에 얼마나 다양하고, 복잡하게 영향을 미치고 있는지 말입니다. 몇 가지 산업만 간략하게 보겠습니다. 먼저, AI와 매우 거리가 있어 보인다고 많은 분들이 짐작하는 농업을 살펴보겠습니다. 농업 분야에서는 드론과 GPS를 활용한 정밀 농업, 자율주행 트랙터와 콤바인, AI 기반 품질 선별 시스템 등이 개발되고 있습니다. 이러한 기술들은 한정된 자원을 효율적으로 사용하고 노동력 부족을 해소하며 수확량을 늘리는 데 기여하고 있습니다. 글로벌 농기계 기업 존디어의 사례를 보면, 이들이 개발한 '씨앤스프레이See & Spray' 기술은 AI를 활용해 잡초를 정밀하게 식별하고 제거하여 제초제 사용량을 66%까지 절감할 수 있었습니다.

존디어의 '씨앤스프레이' 기술

출처: 존디어 홈페이지

　쉽게 말하면, AI가 잡초를 식별해서, 잡초에만 제초제를 뿌리는 방법입니다. 뿐만 아니라 2030년까지 농작업 전 과정의 자동화를 목표로 하는 자율주행 트랙터 개발에도 박차를 가하고 있습니다. 거대한 농장을 두어 명의 농부가 경작하는 세상이 다가오고 있습니다.

　의약품 개발에도 AI는 큰 변화를 가져오고 있습니다. 신약 개발 과정에서 AI 기술이 큰 역할을 할 것으로 예상합니다. 전통적인 신약 개발은 많은 시간과 비용이 소요되고 실패율도 높은 편입니다. 실험실에서 효과가 있어 보이는 약물 후보 물질도 인체에 투여되면 대부분 기대만큼의 효능을 보이지 못합니다. 여러 제약, 바이오 기업들이 차세대 AI 기술에 투자하며, 코로나19부터 암, 만성 질환에 이르기까지 혁신적인 치료제 개발에 나서고 있습니다.

미국 매사추세츠주 서머빌에 위치한 제네레이트 바이오메디슨은 단백질을 구성하는 아미노산 서열을 AI에게 학습시켰습니다. 이를 통해 자연계에 존재하지 않는 새로운 단백질을 설계하고, 질병 치료 잠재력을 지닌 단백질의 종류를 획기적으로 늘리고 있습니다. 미국의 제약 회사들은 향후 2~3년 내에 AI로 연구한 약을 출시한다는 계획입니다.

AI 소라가 만든 영상 장면

출처: 오픈AI

미디어 산업에도 AI는 지각 변동을 가져오고 있습니다. 오픈AI(챗GPT를 서비스하는 기업)에서 개발한 동영상 생성형 AI 소라^{Sora}가 할리우드에 커다란 파장을 일으키고 있습니다. 텍스트 프롬프트를 바탕으로 최대 1분 길이의 고품질 영상을 만들어내는 소라의 능력은 기존 영화 제작 과정에 상당한 변화를 예고하고 있습니다.

소라의 영향력은 단순히 제작비 절감을 넘어섭니다. 영화 제작에 필수적인 일부 직군이 사라질 수도 있다는 우려가 제기되고 있습니다. 특히, 애니메이션 업계에서는 소라로 인해 레퍼런스 애니메이터나 컨셉 아티스트의 역할이 축소될 것이라는 전망이 나오고 있습니다.

할리우드에서는 8억 달러 규모의 신규 스튜디오 투자 계획이 취소되기도 했는데, 이는 소라의 등장이 할리우드에 끼치게 될 변화의 신호탄이라고 할 수 있습니다. 배우이자 제작자인 타일러 페리는 소라가 배우, 스태프, 운송, 사운드, 편집 등 영화 제작의 전 분야에 영향을 줄 것이라고 내다봤습니다. 향후 AI 툴의 발전은 소수 정예 인력으로 할리우드 수준의 영화를 저비용에 만들 수 있는 길을 열어줄 것입니다. 이는 영화 제작 프로세스, 관람 방식, 비즈니스 모델 등 영화 산업 전반의 판도를 뒤흔들 혁명적 변화입니다.

정신 노동을 대체하는
지능 혁명의 시대

여기까지 설명한 각 산업에 미치는 영향도 큰 틀에서 보면 좁은 시야입니다. 좀 더 거시적으로 AI가 아이들의 미래에 미칠 영향을 볼 필요가 있습니다. 인류의 역사를 되짚어 보면, 우리 호모 사피엔스가 지구상에서 독보적 위치를 차지하게 된 결정적 계기가 있었습니다. 바로 약 7만 년 전에 일어난 '인지 혁명cognitive revolution'입니다. 이스라엘의 역사학자 유발 하라리는 저서 《사피엔스》에서 인지 혁명의 핵심을 "사피엔스가 허구를 만들어내는 능력, 즉 상상력을 갖추게 된 것"이라고 설명합니다.

인지 혁명 이전까지 사피엔스는 다른 동물들과 마찬가지로 눈앞에 존재하는 것들에 대해서만 소통할 수 있었습니다. 하지만 인지 혁명을 통해 사피엔스는 신화, 종교, 예술 등 눈에 보이지 않는 것들에 대해서도 이야기할 수 있게 되었습니다. 이는 사피엔스가 대규모로 유연하게 협력할 수 있는 기반이 되었습니다. 수십, 수백 명 단위를 넘어 수천, 수만 명이 공동의 상상 속에서 결속할 수 있게 되었습니다.

하지만 동시에 인지 혁명은 인류에게 양날의 검이 되기도

했습니다. 인지 혁명의 시대, 사피엔스는 지구 생태계의 정점 포식자로 군림하게 됩니다. 높아진 협력 능력과 기술력으로 사피엔스는 다른 종들을 압도하기 시작했습니다. 이 과정에서 많은 동식물 종들이 멸종했습니다. 인지 혁명은 사피엔스에게 자연을 다스릴 힘을 주었지만, 결과적으로 자연을 파괴하는 상황으로 이어졌습니다.

프랑스 사상가 루소는 "문명이 진보할수록 인간은 타락했다"라고 개탄했습니다. 물론 이는 문명을 전면 부정하자는 뜻은 아닙니다. 다만, 문명의 양면성을 직시해야 한다는 뜻입니다. 인지 혁명이 가져다준 풍요와 진보의 이면에는 폭력과 파괴, 소외가 있었음을 인정해야 합니다.

인지 혁명을 이어서 인류의 성장이 폭발한 배경에는 산업 혁명이 있습니다. 산업 혁명은 18세기 후반 영국에서 시작되어 전 세계로 확산된, 인류 역사상 가장 급격한 변화 중 하나였습니다. 기술과 과학의 폭발적 진보가 산업 혁명의 원동력이 되었습니다. 과거 수공업 중심의 농경 사회가 기계 중심의 산업 사회로 전환되었고, 이는 사회 전반에 걸쳐 광범위한 변화를 초래했습니다.

19세기를 풍미한 영국 작가 찰스 디킨스의 소설《두 도시 이야기》에는 이런 대목이 나옵니다.

"그것은 최상의 시대였고, 최악의 시대였다. 그것은 지혜의 시대였고, 어리석음의 시대였다. (중략) 우리 모두는 천국을 향해 가고 있었고, 우리 모두는 정반대 방향으로 가고 있었다."

영국 산업 혁명 초기의 시대상을 압축적으로 보여주는 문장입니다.

산업 혁명은 인류에게 엄청난 물질적 풍요를 가져다주었습니다. 증기 기관과 공장제 기계 생산이 확산되면서 생산력은 폭발적으로 증가했습니다. 1750년과 1800년 사이, 영국 인구는 두 배로 증가했습니다. 노동자 실질 임금은 1819년에서 1851년, 32년 동안 두 배로 증가(Lindert-Williamson 지수 기준)했습니다. 기업가들은 시장 원리와 자본주의 경쟁 논리에 따라 끊임없이 생산성 향상을 도모했습니다.

산업 국가와 자본가가 산업 혁명의 최대 수혜자였다면, 노동자 계급과 후진국은 상대적으로 소외되었습니다. 영국의 기업가 리차드 아크라이트가 방직 공장으로 거부가 되는 동안, 방직공들은 열악한 노동 환경에서 하루 12~14시간씩 일했습니다. 빈민가 출신의 아동들은 굴뚝 청소부로 투입되어 인간 이하의 삶을 살아야만 했습니다. 프랑스의 사상가 프루동은 "소유는 곧 도둑질"이라고 일갈했는데, 이러한 시대상을 반영한다고 봅니다. 환경 오염도 심각했습니다. 석탄을 태우는 공장 굴뚝에서 내뿜는 매연으로 도시는 온통 검게 물들었습니다. 산업 혁명기 수도 런던은 검은 안개와 그을음의 도시라고 불리기도 했습니다. 영국 맨체스터에서는 1.8㎞ 밖의 건물도 보이지 않을 정도로 스모그가 자욱했다고 합니다.

이제 우리는 AI로 대표되는 4차 산업 혁명, 즉 지능 혁명 시대를 살아가야 합니다. 산업 혁명이 기계의 힘으로 인간의 육체노동을 대체했다면, 지능 혁명은 AI로 인간의 정신 노동마저 대체하고 있습니다. 지능 혁명을 선도하고 있는 곳은 단연 미국 실리콘밸리와 중국의 IT 기업들입니다. 알파벳(구글), 아마존, 애플, 마이크로소프트 등 미국의 빅테크 기업들은 강력한 AI 기술과 플랫폼을 바탕으로 전 세계 데이터를 장악하고 있습니다. 중국의 BAT(바이두, 알리바바, 텐센트) 역시 14억 인구의 방대한 데이터를 활용해 AI 기술을 고도화하고 있습니다.

이런 변화에 둔감하거나 안일한 기업, 국가는 도태하고 있습니다. 한때 월드 와이드 웹을 주도했던 야후나 노키아는 변화에 제대로 대응하지 못하고 몰락했습니다. 국가적 차원에서도 혁신 생태계 기반이 취약하고, AI 인재 유출이 심각한 곳은 도전에 직면해 있습니다. AI 기술을 선도할 두뇌들이 해외로 유출되는 브레인 드레인 현상은 산업 혁명기 후진국의 처지를 떠올리게 합니다. 지능 혁명에 제대로 대응하지 못하면 AI 식민지가 될 수 있다는 경고도 나옵니다.

역사 철학자 토인비는 "문명은 도전에 대한 응전"이라고 했습니다. 인류의 역사는 도전과 응전의 역사였습니다. 인지 혁명으로 사냥감을 쫓던 인류는 이제 AI라는 도구를 손에 넣었습니다. 산업 혁명의 기계가 우리의 근육을 강화했다면, 지능 혁명의 AI는 우리의 두뇌를 증강시키고 있습니다. 인류의 마지막 발명품이 AI가 될 것이라는 경고의 목소리도 있습니다. 영화 〈매트릭스〉에서 묘사된 인간과 기계의 대립이 언젠가 현실화될 수 있다는 주장입니다. 우리에겐 과거 산업 혁명의 교훈이 있습니다. 그 교훈을 잊는다면, AI는 인류를 파멸로 이끌 마지막 발명품일 뿐입니다. 이렇듯 AI에 담긴 인류사적 맥락을 어른들이 이해하고, 아이들의 앞길에서 맥을 짚어주면 좋겠습니다.

공부하는 부모가
최고의 교재다

저는 2년 전부터 MBA과정 학생들을 주로 지도하고 있습니다. 직장인을 중심으로 하는 경영학 석사 과정입니다. 처음에 이 과정을 맡고서 놀랐던 것은 학생들의 나이입니다. 재학생 평균 연령이 40대 초반 정도입니다. 제가 만났던 학생 중에서 나이가 많은 이는 60대 중반도 있었습니다. MBA과정은 직장인 중심이다 보니, 평일 저녁이나 토요일에 수업을 몰아서 하는 경우가 많습니다. 토요일 과정에 오전, 오후 6시간 동안 수업을 듣는 학생도 있습니다. 학생들과 수업 후 사담을 나누는데, 학교에 이런 것을 건의하고 싶다고 하네요.

"학생 식당 메뉴에 돈가스, 제육덮밥 같은 것보다 황태 국밥, 청국장 같은 순하고 소화 잘 되는 메뉴가 많으면 좋겠다."

"학생증, 출입 카드, 학사 시스템이 모두 앱으로 되어 있는데, 때로는 이게 불편하다."

"도서관을 비롯해서 학교 시설이 멀리 떨어져 있고, 다 걸어가야 하는 구조여서 힘들다."

들으면서 웃어넘긴 내용도 있지만, 곰곰이 생각해보니 반성이 되었습니다. 우리 대학들은 여전히 대학을 20대 젊은이들만을 위한 공간으로 보고 있습니다. 그런데 현실을 보면, 대학은 이미 나이와 무관하게 평생 학습을 책임져야 하는 기관으로 넘어가고 있습니다.

다시 공부를 시작하는 어른들

예전에는 대학의 최고위 과정이 흥행했습니다. 비학위 과정입니다. 저녁에 모여서 1~2시간 특강 듣고, 주말이면 함께 여행을 가거나, 골프도 치고, 저녁에 와인도 마시는 그런 시스템이었습니다. 특별히 과제도 없습니다. 결석을 심하게 많이 하지 않으면, 대학 로고가 찍힌 수료증이 나옵니다. 기업 경영자, 특히 중견, 중소기업의 경영진들이 몰리던 과정입니다. 그런데 몇 년 전부터 이런 과정에 모이는 이들이 급격히 줄고 있습니다.

저는 예전의 최고위 과정을 나쁘게 보지는 않습니다. 일에 쫓기는 경영자들이 학위 과정은 부담이 되니, 비학위 과정에서 좀 가볍게 강연을 듣고, 사업상 협력할 수 있는 네트워크를 형성하는 모임이었다고 생각합니다.

그런데 최근 들어 최고위 과정은 줄어들고, MBA 과정 학생들의 연령대가 높아지는 것을 보면, '본격적으로 공부하자'라는 각오가 느껴집니다. 흔한 경우는 아니지만, 수강생 중에는 강의 평가에, "좀 더 과제를 많이 내주면 좋겠다" "일반대학원처럼 영어 논문 스터디를 강하게 하면 좋겠다"와 같은 건의사항을 내는 이들도 있습니다.

솔직히 담당 교수 입장에서는 고민이 큽니다. 하루 종일 일하다가 저녁 식사도 거르고 와서 10시까지 수업을 듣는 이들, 주말에 하루 종일 공부하는 이들에게, 그렇게 강도 높은 학습 부담을 주는 게 좋을지. 반면, 그들이 본격적으로 공부하자는 각오로 왔는데, 그렇다면 좀 더 깊게 학습할 수 있게 밀어붙여야 하지 않을지. 이런 고민입니다. 학생들에게 가급적 너무 심한 부담을 주지 않으면서도, 깊이 있게 국내외 연구를 탐구하고, 현업에 적용할 부분을 배울 수 있게 이끌어주고 싶은 바람입니다. 학생들의 열정과 현실적 제약이 동시에 느껴지기에 교수 입장에서 쉽게 놓을 수 없는 고민입니다.

지속적 성장을 꿈꾸는 부모를 위한 제안

대학의 배움에서 나이 기준이 사라지고 있다면, 대학 밖에서는 배움의 방법과 영역의 한계가 사라지고 있습니다. 혹시, 브런치brunch, 폴인fol:in 이런 브랜드를 들어보셨나요? 브런치는 성인 학습의 관점에서 매우 유용한 플랫폼입니다. 모두에게 작가의 기회를 열어주고 있습니다. 작가들은 자신의 경험과 전문 지식을 바탕으로 다양한 주제의 글을 작성합니다. 독자들은 이런 글을 통해 다양한 영역에서 유익한 정보와 통찰을 얻습니다. 브런치의 작가 신청 제도는 성인 학습자의 적극적인 참여를 유도합니다. 글을 작성하려면 자신의 생각과 지식을 정리하고 표현하는 과정을 거쳐야 하므로, 자연스럽게 참여자의 사고력과 표현력이 향상됩니다. 브런치는 단순히 글을 읽고 쓰는 것을 넘어, 성인 학습자들이 지속적으로 성장할 수 있는 공간입니다.

폴인 서비스는 다양한 형식의 콘텐츠를 제공하여 성인 학습자들이 자신의 학습 스타일에 맞게 선택할 수 있게 합니다. 텍스트, 동영상, 팟캐스트 등 다양한 형식의 콘텐츠를 통해 최신 트렌드와 이슈에 대한 깊이 있는 인사이트를 제공합니다. 예를 들어, 경제 전문가의 칼럼을 읽거나, 사회적 이슈에 대한 팟캐스트를 청취함으로써, 성인 학습자들은 최신 정보를 효과적으로 습득할 수 있습니다. 폴인은 특히 맞춤형 서비스를 통해 사용자가 관심 있는 정보에 쉽게 접근할 수 있도록 도와줍니다.

이외에도 성인 학습자들에게 자유롭고 유연한 학습 경험을 제공하는 서비스가 다양하게 등장하고 있습니다. MKYU, 클래스101, 휴넷평생교육원 같은 플랫폼에서는 온라인 강의, 게시판, 과제 등을 중심으로 학습 콘텐츠를 제공하고 있습니다. 지자체에서 자체 예산으로 이런 시스템을 운영하기도 합니다. 서울런 4050은 서울시에서 제공하는 맞춤형 교육 프로그램으로, 40대와 50대 성인들이 새로운 기술을 배우고 자기 계발을 할 수 있는 기회를 제공합니다. 이 프로그램은 다양한 온라인 강좌와 워크숍을 통해 실질적인 스킬을 습득할 수 있도록 지원합니다.

예를 들어, 디지털 마케팅, 데이터 분석, 코딩 등 실무에서 바로 적용할 수 있는 강좌들이 마련되어 있습니다. 경기도평생학습포털 '지식GSEEK'은 경기도 및 31개 시·군이 함께 운영하는 평생학습 플랫폼으로, 경기도민뿐만 아니라 전국의 모든 사람들이 이용할 수 있는 서비스입니다. '지식'은 외국어, IT, 자기계발, 취미, 자격증 등 다양한 분야의 온라인 강좌를 무료로 제공합니다. 또한, 모바일 앱을 통해 언제 어디서나 학습이 가능하며, 학습 수료증 발급 등의 혜택도 제공합니다. 크몽kmong 같은 일대일 구인, 구직 플랫폼에서는 개인 레슨도 가능합니다. 예를 들어, 내가 AI 프롬프트를 배우고 싶은데, 유튜브를 보고 공부해도 어렵다고 느껴진다면, 크몽 사이트에서 시간 당 일정한 보수를 제공하고 개인 과외를 받을 수도 있습니다.

제가 이렇게 다양한 서비스, 방법을 설명한 이유는 이제 방법이 없어서, 돈이 없어서 배우기 어렵다는 핑계는 통하지 않는 세상이라는 점을 강조하고 싶어서였습니다. 물론, 시간의 제약은 여전히 존재합니다. 소셜 미디어, AI 등이 아무리 발전해도 하루는 여전히 24시간이니까요. 하지만 기존에 3시간을 투자해야 배울 수 있던 것을 이제는 10~20분만 투자해도 배울 수 있습니다.

저도 학교 밖에서 계속 배우고 있습니다. 제가 가장 애용하는 플랫폼은 페이스북입니다. 페이스북으로 학습을 한다니 좀 이상한가요? 페이스북에는 저와 관심사를 공유하는 수많은 사람들이 있습니다. 그들과 친구로 연결되어 있으면, 그들의 의견, 그들이 공유하는 최신 정보들을 무료로, 빠르고, 편리하게 받아볼 수 있습니다.

저는 이 책을 쓰는 과정에서도 제 페이스북 친구들을 많이 참고하고, 그들을 통해 배우면서 작업했습니다.

권정민 교수님(서울교대 교수)의 포스팅에서는 AI디지털 교과서의 근원적 문제점, 해결 방안을 고민해볼 수 있었습니다. 김민호 피디님(넷스트림 PD, AI/XR PD)의 포스팅에서는 현업에서 AI를 어떻게 쓰고 있는지, 매우 현실적인 고민과 사례를 배웠습니다. 조기성 선생님(계성초등학교 교사, 스마트교육학회 회장)의 포스팅을 통해 초등교육 현장에서의 최근 이슈, 교사의 고민을 현장감 있게 청취할 수 있었습니다. 김수환 교수님(총신대 교수)을 통해서는 디지털 리터러시 교육의 최근 쟁점과 방법을 배울 수 있었습니다. 김준 교장 선생님(엘리트오픈스쿨 코리아 교장)을 통해서는 아이들 각각의 꿈과 적성을 지지하면서, 재미와 학습 성과를 함께 풀어내는 것이 불가능하지 않다는 희망을 느끼기도 했습니다.

이들은 실제 제 페이스북 친구입니다. 제가 일대일로 이분들을 만나서 수업을 들으며 배우기는 불가합니다. 그러나 저는 소셜 미디어를 통해 소셜 스터디를 하고 있습니다.

페이스북 친구의 인연이 새로운 학습 커뮤니티로 이어지기도 했습니다. 노가영 작가님이 만드신 '세필신잡'이라는 학습 커뮤니티의 멤버로 1년째 참여하고 있습니다. 서로 다른 영역의 전문가들이 모인 커뮤니티입니다. 매번 다른 주제를 놓고, 견해를 나눕니다. 하나의 주제를 다른 영역의 시각으로 분해해 보면서, 제 사고의 확장을 경험했습니다. 클래스(교실)가 아니라 커뮤니티(사회적 모임)를 통해 저는 배우고 있습니다.

부모가 줄 수 있는
최고의 가르침

모든 부모님의 바람은 아이들이 자발적으로 학습하는 존재, 평생 스스로 성장하는 존재가 되는 것입니다. 저는 그런 바람을 이룰 수 있는 가장 좋은 방법은 부모님이 먼저 그런 학습자가 되는 것이라고 생각합니다. 그렇게 학습하는 부모가 아이에게는 최고의 교재이자 교사이며 동기 부여 요소라고 믿습니다.

학습하는 부모의 모습은 아이들에게 강력한 영향을 미칩니다. 부모가 끊임없이 배우고 성장하는 모습을 보여줄 때, 아이들은 자연스럽게 학습의 가치와 중요성을 인식하게 됩니다. 이는 단순히 말로 하는 교육이 아닌, 실제 행동으로 보여주는 가장 효과적인 교육 방법입니다.

예를 들어, 부모가 새로운 기술을 배우기 위해 온라인 강좌를 듣거나, 관심 분야의 책을 읽고 토론하는 모습, 또는 앞서 언급된 다양한 플랫폼들을 활용하여 꾸준히 자기계발을 하는 모습은 그 자체로 아이에게 최고의 가르침입니다. 이런 과정에서 부모가 겪는 어려움과 그것을 극복해 나가는 과정, 그리고 새로운 것을 배웠을 때의 기쁨을 아이와 나눈다면, 그 아이의 내일은 어떻게 달라질까요?

"아이들은 어른의 말이 아니라, 그 어른이 어떤 사람인지에 따라 배운다."

심리학자 칼 융이 남긴 말입니다. 내가 꾸준히 탐험하고, 질문하고, 교감하며 배우는 존재가 된다면, 아이도 자연스레 그런 존재가 됩니다. 그렇다고 해서, 아이만을 위해서 그렇게 살라는 뜻은 아닙니다. 아이의 미래 이전에, 이 책을 읽는 여러분의 미래를 위해서도 우리는 그런 존재가 되어야 하지 않을까요? 학습하는 부모가 되는 길을 저와 함께 걸어가시길 기원하고, 응원합니다.

교수의 역할이 바뀐다

이제 내 교수 생활이 3년여 남았다. 30년 가까이 이 직업을 이어 오면서, 솔직히 중간에 몇 번 고민했었다. 내가 꿈꿨던 교육이 이게 맞는지, 내가 제자들을 온전한 배움으로 인도하고 있는지. 바꿔보자, 할 수 있다, 그래도 이런 마음이 이날까지 나를 붙잡고 있었다. 지나고 보니, 떠나지 않기를 잘했다. 아직도 미흡하지만, 그래도 이제라도 길이 보이니까.

토요일 오전 수업에 들어갔다. 학생들 연령은 예전보다 훨씬 더 다양해졌다. 20~60대 학생들이 뒤섞인 강의실이 이제 낯설지 않다. 강의실에 미리 온 학생들은 내가 사전에 올려준 강의 영상을 보고 있다. 학생은 30명, 출신 국가는 15개, 이들은 각자의 언어로 내 강의를 보고 있다. AI가 내 목소리를 각 나라의 언어로 변환해주고, 입 모양까지도 그 언어에 맞게 바꿔준 영상이다. 학생들을 보며 흐뭇해하고 있는데, 멜리사가 내게 말을 걸었다. 멜리사는 호주에서 온 학생이다. 나이는 40대 중반으로 짐작한다.

멜리사와 나는 각자 투명 마스크를 착용하고 있었다. 꽤 예전, 코로나 19가 유행했을 때 썼던 것과 비슷한 모양이다. 기능은 완전히 다르다. 각자 자기가 편한 언어로 우물거리듯 말하면, 투명 마스크를 통해서 상대의 언어로 자동 번역되어 소리가 나가는 장치이다.

"교수님, 제가 직장에서 찍어온 라이프 로그 받으셨죠?"

"맞아요. 멜리사. 보내준 기록 잘 받았어요. 이미…"

멜리사는 3일 동안 직장에서 라이프 로그 기록 장치를 착용했었다. 목걸이 모양의 장치인데, 이 장치를 착용하면 주변 소리, 영상이 자동으로 기록된다. 수집된 기록은 AI에 의해 분석, 정리된다. 기록 중에서 프라이버시, 회사의 기밀 정보 등은 자동으로 삭제되거나, 가상의 내용으로 대체된다. 멜리사는 그렇게 가공된 자신의 근무 기록을 내게 보냈다.

멜리사 외에도 5명의 학생이 각자의 근무 기록을 이미 보내왔다. 나는 그 기록들을 살펴보고, 내 챗봇으로 분석해보면서, 그들에게 어떤 코칭을 제공할지 이미 교안을 준비했다. 수업에서 유명한 기업의 사례를 들춰보는 것도 흥미롭지만, 이렇게 수업 구성원들이 일하는 내용을 바탕으로, 깊이 있게 들어가는 분석을 학생들은 더 선호했다.

"자, 이렇게 여섯 기업의 사례를 살펴봤네요. 라이프 로그 수집에 협조해준 학생들에게 박수 쳐줍시다! 잠시 휴식 후에는 강연극을 시작해보죠."

휴식 시간. 나는 강의실 중앙에 AI 홀로그램 아바타 장비를 세팅했다. 대학 본부에 부탁해서 이 강의실에는 여섯 대를 설치했다. 이 장비는 학생들의 강연극에 활용된다. 내 수업에서는 학생들이 다양한 역할을 맡아서 롤플레잉을 하는 경우가 많은데, 그때 학생들이 직접 맡기 어려운 역할을 AI 홀로그램 아바타가 맡아준다. 다음 시간 수업을 위해 AI 홀로그램 아바타들에게 각기 다른 역할을 배정했다.

휴식 시간이 끝나고 학생들이 몰려들었다. 이번 수업에서 어떤 이야기가 펼쳐질지, 각자가 어떤 역할을 맡고, 무슨 경험을 할지, 호기심이 가득한 눈빛이다.

수업을 마치고 강의실을 나서는데, 멜리스가 내게 말을 걸었다.

"교수님, 혹시 지난번에 말씀드린 제안, 생각해보셨어요?"

멜리사는 새로운 스타트업을 준비하고 있다. 내게 공동 창업자를 맡아주기를 부탁했다. CDO, 경험디자인담당 임원 포지션이었다. 학생들과 함께 사업하는 교수들은 이제 흔하다. 나도 그간 학생들이 창업한 기업에서 사외이사, 고문 역할을 네 차례 맡았었다. 그런데 이번은 좀 달랐다. 멜리사가 꿈꾸는 일을 하려면, 교수직을 겸하기는 어려운 상황이었다. 교수직에 큰 미련이 있다기보다는, 그래도 30여 년을 해온 일인데, 완전히 놓기는 쉽지 않았다.

"교수님, 교수님이 이 일, 가르치는 일에 얼마나 애착을 갖고 있는지 저도 잘 알아요. 그런데 우리 회사가 할 일도 결국 사람들을 배우고, 성장하게 하는 새로운 플랫폼을 만드는 것이잖아요. 저는 거기서도 교수님의 역할은 바뀌지 않는다고 생각해요. 더 다양한 학생, 더 많은 학생을 위해 더 도전적인 배움의 길을 만들어주는 게 아닐까요? 거기서도 여전히 교수님은 멘토, 코치, 촉진자, 이런 모습으로 플레이하시면 좋겠어요."

순간 내 얼굴에 미소가 감돌았다. 멜리사가 던져준 단어들이 마음 깊이 들어왔다. 멘토, 코치, 촉진자, 플레이. 멜리사가 말을 다시 이었다.

"교수님! 제 여정에 함께해주세요. 저는 다 준비했고, 이제 교수님만 승선하시면 되거든요."

여정, 승선. 두 단어를 한동안 곱씹었다. 새로운 탐험에 관한 꿈이 가슴 속에서 피어나고 있었다. 강의실 창문의 푸른 커튼 사이로 해사한 빛이 쏟아져 들어왔다. 커튼은 쪽빛 바다처럼 넘실거렸다.

5
장

AI 교육,
무엇을 어떻게 가르칠까?

AI 도구만 가르쳐서는
안 되는 이유

방송통신위원회가 발표한 자료에 따르면, 2023년 말 기준으로, 만 15세~69세 사이의 우리나라 국민 중에서 생성형 AI를 써본 이는 12.3%에 불과합니다. 안 쓰는 이유를 물어보니, 이용이 어려울 것 같고, 똑똑해야 쓸 수 있을 것 같고, 개인 정보가 유출될까 봐 우려해서라고 답했습니다. 챗GPT를 안 들어본 이가 없고, AI가 중요하다는 점에 대부분이 공감하는 상황인데, 안 쓰는 이가 87.7%라니 놀랍습니다. 부모님, 선생님 중에서도 AI를 직접 쓰는 이가 적다 보니, 자녀, 학생들을 지도하는 데 어려움을 더 느낍니다. 이 책에서 가이드하는 내용을 참고하는 것도 좋겠지만, 무엇보다 부모님, 선생님들께서 AI를 직접 써보시면 좋겠습니다.

코딩 교육을 꼭 해야 할까?

AI가 디지털 도구이니, 코딩 교육이 꼭 필요한 게 아니냐는 질문을 많이 받습니다. 코딩 교육이 논리적 사고와 문제 해결 능력을 기르는 데 도움이 된다는 점은 부인할 수 없습니다. 또한, AI 시대를 살아갈 우리 아이들에게 AI에 대한 기본적인 이해는 분명 중요합니다. 이런 측면에서 코딩 교육은 가치가 있습니다.

그러나 기술 발전 추세를 보면, 컴퓨터 프로그래밍 언어가 점점 더 인간의 자연어와 유사해지고 있습니다. AI 기반의 코딩 도구들은 이미 간단한 영어 문장으로 코드를 생성할 수 있을 정도로 발전했습니다. 이는 앞으로 프로그래밍이 더욱 직관적이고 접근하기 쉬워질 것임을 의미합니다. 따라서 초등 교육에서 지나치게 코딩 자체에 집중하는 것은 바람직하지 않습니다.

　요컨대, 아이가 직접 전문적인 앱을 개발하거나, 대학생 수준의 코딩 실력을 쌓기 위해 노력할 필요는 없습니다. 쉽고, 기본적인 것을 해보면 좋겠습니다. 일례로, '코드(code.org)' 사이트는 다양한 연령대를 위한 코스를 제공하며, 게임과 애니메이션을 통해 학습이 진행됩니다. MIT에서 개발한 '스크래치(scratch.mit.edu)'를 배워봐도 좋습니다. 아이들이 블록을 조립하듯 코딩을 배울 수 있어 초보자에게 적합합니다. 프로그래밍 언어를 직접 해본다면, 파이썬을 배워도 좋고요. 파이썬은 문법이 비교적 간단해서 초보자에게 적합하고, 실제 프로그래밍 분야에서 널리 사용되는 언어입니다. 학습할 때도 아이가 관심을 가질 만한 주제로 시작하는 게 좋습니다. 간단한 게임이나 애니메이션 제작 등 실제 결과물을 만들어보는 방식이면 좋습니다.

　아이의 프로그래밍 실력, 즉 코드를 생성하는 능력을 빨리 키우는 것에 초점을 두지 말고, 문제를 논리적으로 분석하고 해결하는 능력인 컴퓨터적 사고computational thinking를 기르는 데 집중해야 합니다.

　앞서 설명한 스크래치, 파이썬 등을 꼭 배워야 AI를 쓸 수 있는 것은 아닙니다. 코딩 교육은 컴퓨터 시스템의 작동 원리를 이해하고, 나중에 AI를 더 복잡하게 활용할 때 도움이 된다고 보면 됩니다.

최근에는 아이들에게 다양한 AI 도구, 예를 들어, 그림 그리기, 음악 만들기, 글쓰기 도구 등을 가르쳐주는 경우도 있습니다. AI 시대에 뭔가는 시켜야 할 것 같은데, 이런 도구들은 배우는 게 그리 어렵지 않고, 아이들이 흥미를 보이고, 결과물도 신기하게 잘 나오니까요. 그런데 여기서 주의할 점이 있습니다. AI 도구는 부모님의 예상, 짐작보다 그 기능, 활용도가 어마어마합니다. 기능을 익혀서 본인에게 도움이 되는 방향으로 활용하면 좋겠지만, 오히려 본인의 역량을 갉아먹는 쪽으로 AI를 쓰는 경우도 적잖습니다. 기능을 알아야 활용할 수 있으니, 기본적인 기능을 익히는 과정도 물론 필요하겠으나, 그보다는 아이가 AI 도구의 기능을 무엇에, 어떻게 활용할지를 판단하는 능력을 키워주는 것이 훨씬 중요합니다.

아이가 AI 도구를 익혀서 학교 숙제를 뚝딱 만들어서 제출하고, 학원에서 풀어오라는 문제를 AI에게 풀게 해서 결과만 가져간다면, 이건 우리 아이들을 바보로 만드는 지름길입니다. AI라는 '도구'가 아니라 우리 아이들의 '동기'와 목적이 더 중요합니다.

시간, 돈, 에너지를 절약하는
AI 활용법

앞으로 우리 아이들은 자기 머리만으로 살지 않습니다. AI를 활용해서 자신의 머리를 더 잘 쓰는 방법에 익숙해져야 합니다. 저는 크게 네 가지 방법으로 AI를 쓰고 있습니다. 제가 제시하는 네 가지 방법은 아이들뿐만 아니라 부모님, 선생님들에게도 동일하게 적용되는 전략입니다. AI로 내 지능, 역량을 확장하는 방법을 살펴보겠습니다.

첫째, 저는 이것을 'Start(시작)' 접근이라고 부릅니다. 지금까지 시간, 자원이 부족해서 못했던 것이 무엇인지 스스로 묻습니다. 제 경우는 시간이 부족해서 새로운 영역을 공부하는 것, 쉽게 말해 다른 학과 교수들의 강의를 못 듣는다고 스스로 평계를 대고 있습니다.

그런데 저는 최근에 다른 교수들의 강의도 듣기 시작했습니다. 유튜브로 강의를 시청할 때, 인터넷 브라우저인 크롬에 확장툴을 설치하면, 강의를 대본으로 보여주고, 내용도 실시간으로 요약해줍니다. 제가 사용하는 확장툴은 NoteGPT입니다. notegpt.io 사이트에 접속해서 'add to chrome' 버튼을 눌러서 설치하면 됩니다. 무료로 제공하는 기본 기능도 훌륭하니

저자가 유튜브 강의를 시청하는 장면

다. 이런 확장툴을 사용하면, 강의 주제가 내게 맞는지 판단하기 쉽고, 강의 내용을 이해하기에 편하고, 긴 강의를 압축해서 볼 수 있어서 시간도 꽤 절약합니다. 시간이 부족하다는 핑계를 지워버리고, 새로운 공부를 바로 'Start(시작)'할 수 있는 상황이죠.

둘째, 'Try(시도)' 접근입니다. 모든 것을 다 잘하는 사람은 없습니다. 내가 하고 싶지만, 역량이 부족해서 못하는 게 무엇인지 자문합니다. 저는 수업에서 쓸 그림, 음악을 잘 만들고 싶은데 어렵습니다. 몇 년 전에는 수십만 원이 넘는 작곡 프로그램을 구입해보기도 했습니다. 그런데 프로그램이 좋다고 해서 음악을 만드는 게 간단하지는 않았습니다. 오히려 비싸고 복잡한 프로그램은 저 같은 초보자에게는 너무 어렵기만 했습니다.

그런데 최근에는 음악도 AI로 만들어서 써봅니다. 물론, 처음부터 잘되지는 않습니다. 그러나 하다 보면 실력이 늘어납니다. 그래서 'Try(시도)'입니다. 다음 QR코드를 스마트폰으로 찍어보면, 제가 만든 수업 로고송을 들을 수 있습니다. 모두가 작곡가가 될 필요는 없습니다. 그러나 내가 원하고, 필요할 때, '음악도' 만들 수 있다면, 정말 좋지 않을까요? 타인과 교감할 수 있는 새로운 매체를 하나 더 다룰 수 있는 셈이니까요.

**저자가 만든
수업 로고송**

셋째, 'Amplify(증폭)' 접근입니다. 내가 원래 내 힘, 역량으로 하던 것이지만, 더 잘하고 싶은 게 무엇인지 자문합니다. 저는 신문 칼럼, 책 쓰기를 더 잘하고 싶습니다. 그래서 제가 글을 작성하면, AI와 대화하면서, 글의 문제점을 찾아보곤 합니다. 다음은 제가 클로드^{Claude}라는 AI에 물어본 내용입니다.

김상균: 다음 글은 신문사에 보낼 칼럼 원고이다. 이 글에 붙을 악플을 5개 만들어주라.

"요즘 애들은 왜 자기들끼리도 싸우죠?" 모 기업을 자문할 때 경영진이 내게 건넨 질문이다. 질문보다는 한탄에 가까웠다. 그는 요즘

10대는 20대 이상, 20대는 30대 이상 세대와 척지고 싸우는 듯 보인다고 했다. 그럼, 예전에는 안 그랬나요? 이렇게 되물었다. 그는 예전에도 세대 간 갈등은 있었으나. 대략 아이와 어른, 직원과 임원, 이 정도로 갈라졌다고 답했다. 갈등의 연령 간격이 너무 조밀해진 상황을 이해하기 어렵다고 했다. (이하 생략)

AI: 해당 칼럼에 대한 5개의 악플을 만들어드리겠습니다. 단, 이는 요청에 따른 예시일 뿐이며, 실제로 이런 댓글을 작성하거나 지지하는 것은 바람직하지 않습니다.

1. 또 어른들이 훈수 두네. 우리 세대 문제는 우리가 알아서 할게요.

2. 세대 갈등? 그냥 돈 없고 기회 없는 젊은이들의 불만이지. 노력이 부족한 거 아냐?

3. 매체 탓만 하지 말고 부모 교육의 실패를 인정해라. 애들 교육 제대로 못 시킨 게 누구야?

4. 춤춘다고? 웃기지 마세요. 그냥 싸우는 거예요. 현실을 제대로 보세요.

5. 글쓴이는 뭘 모르는 구닥다리 아저씨 같네. 요즘 세상이 어떤지나 알고 글 쓰는 거야?

다시 한 번 강조하지만, 이런 댓글은 건설적인 대화를 방해하고 사회적 분위기를 해칠 수 있습니다. 상호 존중과 이해를 바탕으로 한 의견 교환이 바람직합니다.

실제 사람이 만든 악플과 다를 바가 없습니다. 읽으면서 기분이 나빠질 정도입니다. 그러나 저는 이런 가상 악플을 통해 제 글의 문제점을 나름 익살스럽게 찾아보곤 합니다. 전문 칼럼니스트 측면에서 글을 비판해달라고 하거나, 중학생이 보기에 어려운 표현이 있는지 살펴보라고도 합니다. 이런 과정을 거치면서, 저는 다양한 독자층이 제 글을 어떻게 받아들일지 미리 가늠해보고, 다듬는 과정을 거칩니다. 혼자서 하는 글 작업이지만, 제 글쓰기 역량이 'Amplify(증폭)'되는 느낌입니다.

마지막으로, 'Recover(회수)' 접근입니다. 내가 원래 시간, 돈, 체력을 써서 하던 것에서, 투자를 줄이는 방법을 찾는 접근입니다. 제 경우에는 매일 국내외 논문을 찾아서, 읽고, 분석하는데 시간을 꾸준히 씁니다. 그런데 최근에는 AI를 통해 제가 원하는 논문을 좀 더 빠르게 찾고, 논문 내용도 AI 해설을 곁들여서 보면서, 이해하는 데 쓰는 시간을 줄이고 있습니다. 2시간 걸리던 작업을 1시간 걸려서 하니까, 1시간이 'Recover(회수)' 되는 상황이죠.

AI로 지능을 확장하는 STAR 접근법

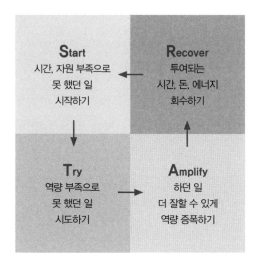

제가 여기서 얘기한 전략은 위의 네 가지였습니다.

네 접근법의 영단어 첫 글자를 연결하면 STAR가 되죠. 저는 우리 아이들이 AI를 두려워하지 않기를, AI에 의해서 아이들의 기회가 줄어들지 않기를 바랍니다. 반대로, 아이들이 AI를 잘 활용해서 각자의 가능성, 꿈을 폭발시키길 바랍니다. 그래서 각자 반짝이는 멋진 별로 빅뱅했으면 합니다. 머릿속에 STAR를 잘 기억해두시고, 아이들이 AI로 무언가를 할 때 혹시 네 가지 접근법을 상징하는 알파벳 중에서 무언가 놓치는 것이 없는지 곁에서 살펴봐주시면 좋겠습니다.

AI와 토론하며
생각하는 힘 키우기

멘토링을 하기 위해 지인의 아이를 만난 적이 있습니다. 미래 사회, 진로 관련 얘기를 나누다가, 자연스레 AI 쪽으로 화제가 넘어갔습니다. 그 아이는 학교 토론 수업을 준비하는 과정에 AI를 쓰고 있었습니다. AI를 어떻게 활용했는지 물었습니다. 아이는 다음과 같이 AI에게 묻고, 그 결과를 받았습니다.

아이: 나는 중학교 2학년이다. 학교 토론 대회에 나간다. 토론 주

제는 '안락사를 허용해도 되는가?'이다. 나는 찬성하는 쪽이다. 내가 할 수 있는 얘기를 10개 만들어주라.

AI: 안락사 허용에 대한 찬성 입장에서 사용할 수 있는 10가지 주장을 제시해 드리겠습니다.

1. 개인의 자기 결정권 존중: 자신의 생명에 대한 결정권은 개인에게 있어야 합니다.

2. 극심한 고통 경감: 말기 환자의 불필요한 고통을 줄일 수 있습니다.

3. 삶의 질 보장: 존엄성 있는 죽음을 선택할 권리를 제공합니다.

4. 의료 자원의 효율적 사용: 회복 가능성이 없는 환자에 대한 의료 자원 낭비를 줄일 수 있습니다.

5. 가족의 경제적, 정신적 부담 감소: 장기간의 치료로 인한 가족들의 부담을 줄일 수 있습니다.

6. 의학적 윤리성: 적절한 규제 하에 이루어진다면 의료 윤리에 위배되지 않습니다.

7. 사회적 비용 절감: 무의미한 연명 치료에 들어가는 사회적 비용을 절감할 수 있습니다.

8. 인도주의적 접근: 극심한 고통 속에서 살아가는 것보다 평화로운 죽음을 선택할 수 있게 하는 것이 더 인도적일 수 있습니다.

9. 합법화를 통한 관리: 불법적인 안락사 시행을 방지하고 체계적으로 관리할 수 있습니다.

10. 의학 발전에 기여: 안락사 연구를 통해 말기 환자 케어에 대한 의학적 발전을 이룰 수 있습니다.

AI가 제시한 결과는 제가 보기에도 꽤 타당한 주장입니다. 아이는 이 10개 항목을 옮겨 적고, 열심히 외워서 토론에 참가했다고 합니다. 결과도 나쁘지 않았다고 했습니다. 저는 아이에게 물었습니다.

"토론 수업에 참가한 게 누구니?"

아이는 질문의 의도를 모르겠다는 표정이었습니다.

"찬성은 저랑 A, B가 나갔고, 반대는 C, D, E였는데요."

저는 아이에게 네가 토론에 나간 게 아니라, AI가 나간 것 같다고 얘기했습니다. 너도 내용을 옮겨 적고, 외우느라 고생했지만, 너는 AI의 의견을 전달만 했으니, 너보다는 AI가 토론했다고 봐야 할 것 같다고요.

AI로 생각을
확장하는 아이

저는 아이에게 이렇게 제안했습니다. AI를 토론 대상으로 삼아서 얘기해보라고. 다음과 같이 진행해봤습니다.

아이: 나는 중학교 2학년이다. 학교 토론 대회에 나간다. 토론 주제는 '안락사를 허용해도 되는가?'이다. 나는 찬성하는 쪽이다. 너는 반대쪽 역할을 해줘. 지금부터 나랑 토론해주라. 너도 중학생처럼 얘기해줘.

AI: 안락사 허용에 대해 반대 입장을 설명해 볼게요. 제 생각에는 안락사를 허용하면 안 돼요. 왜냐하면, 안락사를 허용하면 악용될 수 있어요. 예를 들어 환자를 돌보는 게 힘들다고 가족들이 환자를 설득할 수도 있죠. 의사 선생님들도 힘들어 할 거예요. 생명을 살리는 게 의사의 역할인데, 안락사는 그 반대잖아요. 어떻게 생각하세요? 안락사를 허용해야 한다고 생각하는 이유가 뭔가요?

아이: 악용되지 않도록 법과 제도를 잘 만들면 되지. 윤리 관련 교육도 많이 하고.

AI: 그렇게 생각할 수도 있겠네요. 하지만 제 생각에는 아무리 좋은 법과 제도를 만들어도 완벽할 순 없어요. 사람들은 항상 틈새를 찾아내거든요. 또, 안락사 대신 호스피스 같은 다른 방법으로 환자를 도울 수 있어요. 고통을 줄이면서도 생명은 지킬 수 있잖아요.

아이: 법이란 게 원래 완벽하지는 않잖아. 안락사가 아니라 다른 것을 다루는 법도 다 완벽하지는 않지. 완벽하지 않다고 해서 아예 못하게 하면 아무것도 못 하지 않을까? 고쳐가면서 해야지. 그리고 호스피스 같은 방법으로 환자가 충분히 고통을 해결할 수 없을 때 안락사를 하자는 거야.

AI: 그렇게 말하니까 일리가 있네요. 제 생각도 좀 바뀌는 것 같아요. 맞아요. 법이 완벽하지 않다고 아예 시도조차 안 하면 발전이 없겠죠. 호스피스로 해결 안 되는 경우도 있다는 걸 미처 생각 못 했어요. 그런 상황이라면 안락사가 필요할 수도 있겠네요. 그래도 아직 몇 가지 걱정되는 점이 있어요. 안락사를 결정하는 기준을 누가, 어떻게 정할까요? 정말 객관적일 수 있을까요? 만약 환자가 의사 표현을 못 하는 상황이라면 누가 대신 결정하나요? 그게 정말 환자의 뜻일까요? 이런 문제들은 어떻게 해결할 수 있을까요?

아이: 안락사는 사람의 삶, 죽음에 관한 판단이잖아. 그러니까 모든 사람이 참여해서 정하면 될 것 같아. 그리고 환자가 의사 표현을 못 하는 상황이면 의식이 아예 없다는 건데 그러면 이미 그 사람은 뜻을 결정할 수 없는 사람이잖아. 그런 사람이 표현, 결정을 다 못하는데 너무 고통스러워할 수 있잖아.

AI: 정말 깊이 생각해봤네요. 제 생각도 많이 바뀌었어요. 그래도 한 가지만 더 생각해보고 싶어요. 만약 나중에 그 환자를 살릴 수 있는 새로운 치료법이 나오면 어떡하죠? 안락사를 선택했다가 나중에 후회하게 되면 되돌릴 수 없잖아요.

여기서 사용한 AI 도구는 클로드입니다. 클로드 외에 챗GPT, 제미나이Gemini로 해도 결과는 비슷합니다. 아이와 처음에 이런 학습을 할 경우, 무료로 해보시기 바랍니다. 다만, 무료보다는 유료로 사용할 때 대화의 결과가 좀 더 정교해집니다. 긴 내용을 입력하거나, 오랫동안 대화하는 것도 가능해지고요.

AI와의 대화가 어땠는지 아이에게 물었습니다. 아이는 꼭 사람과 대화하는 것 같다고 말했습니다. 어떤 사람 같은지 물었더니, 꽤 똑똑하고 차분하며 친절한 사람 같다고 했습니다. 저는 '차분하며 친절한' 사람이란 표현이 재밌었습니다. 아이는 이렇게 설명했습니다. 실제 다른 친구들과 토론을 하면, AI 처럼 상대의 의견에 공감을 나타내는 경우가 드물다고, 그리고 감정적으로 격해지는 경우도 있는데, AI는 그러지 않았다고요. AI의 그런 토론 태도를 어떻게 생각하느냐고 물어보니, 아이 는 배워야 할 점이라고 답했습니다. 아이는 잘 생각하고 있었 습니다.

아이에게 보여준 토론식 학습 방법을 제가 고안한 것은 아 닙니다. 원래부터 있던 방법에 AI를 끼워 넣기만 했습니다. 우 리는 최첨단 기술을 통한 학습과 고대의 학습 방법이 서로 동 떨어져 있다고 생각하는 경우가 흔합니다. 하지만 AI를 활용한 이런 토론 방식의 본질을 들여다보면, 2,400년 전 아테네의 철 학자들이 사용했던 교육 방법과 유사합니다.

소크라테스, 플라톤과 같은 고대 그리스의 철학자들은 단 순한 지식 전달을 넘어 학생들의 비판적 사고력과 논리적 추론 능력을 키우는 데 주력했습니다. 소크라테스의 문답법은 AI의 질문, 응답 시스템과 놀랍도록 닮아 있습니다. AI는 아이의 답 변에 따라 더 깊이 있는 질문을 제시하며, 아이 스스로 생각하 고 결론을 도출하도록 유도합니다. 이는 소크라테스가 끊임없 는 질문을 통해 제자들의 사고를 자극했던 방식과 매우 유사합 니다.

플라톤의 아카데미아에서 이루어졌던 대화식 학습은 오늘날 AI와의 상호작용적 학습으로 재현되고 있습니다. 아이들은 AI와의 대화를 통해 능동적으로 학습에 참여하며, 이는 전통적인 일방향 강의보다 더 효과적으로 지식을 내면화하는 데 도움을 줍니다.

잘만 활용한다면, AI 기반 학습의 목표, 효과는 고대 그리스 철학자들의 교육에서와 다를 바가 없습니다. 비판적 사고력 향상, 지식의 내면화, 의사소통 능력 개선, 개인화된 학습 경험 제공, 그리고 지속적인 학습 동기 부여 등이 그것입니다.

정리하는 AI &
검증하고, 판단하는 아이

AI의 마지막 질문 "만약 나중에 그 환자를 살릴 수 있는 새로운 치료법이 나오면 어떡하죠? 안락사를 선택했다가 나중에 후회하게 되면 되돌릴 수 없잖아요"를 놓고, 아이는 제게 물었습니다. 현실에서 안락사를 허용한 나라의 경우 어떤 질병, 상황에서 안락사를 허용하는지. 그리고 현대 의학의 수준, 발전 속도를 고려할 때, 안락사를 허용한 나라의 기준이 바뀔 필요는 없는지. 사실 저도 잘 모르는 영역이었습니다. 현 상황에서 안락사 대상자, 진행 절차 등은 대략 알지만, 의학 발전을 놓고, 그 기준이 어떻게 변할지는 몰랐습니다. 저는 AI에게 물어보겠다고 말했습니다.

김상균: 의학 기술이 빠르게 발전하고 있다. 현재 안락사를 허용하는 나라들이 의학 발전을 고려해서 안락사 대상자 기준을 바꾸고 있지는 않아?

AI: 의학 기술의 발전으로 안락사 대상에서 제외될 수 있는 사례들에 대해 설명해 드리겠습니다. (중략)

희귀질환 – 유전자 편집 기술 등을 통해 이전에는 치료가 불가능했던 희귀 유전질환에 대한 치료 가능성이 열리고 있습니다.

장기 이식 – 3D 프린팅 기술이나 인공 장기 개발로 장기 이식의 가능성이 높아지고 있습니다. 이는 말기 장기 부전 환자들에게 새로운 희망을 줄 수 있습니다.

만성 통증 – 신경 조절 기술이나 새로운 진통제 개발로 만성 통증 관리가 개선되고 있습니다. 이는 극심한 통증으로 안락사를 고려하던 환자들에게 대안을 제공할 수 있습니다.

김상균: 실제 안락사 대상 기준이 바뀐 나라를 찾아주라.

AI: 안락사 기준을 실제로 변경한 국가들에 대해 알아보겠습니다. 주요 사례들을 살펴보면 다음과 같습니다.

벨기에 – 2002년 안락사를 합법화했습니다. 2014년에는 연령 제한 없이 어린이에게도 안락사를 허용하는 법안을 통과시켰습니다.

캐나다 – 2016년 안락사를 합법화했습니다. 2021년 3월, 정신 질환만을 이유로 한 안락사도 허용하는 법안을 통과 시켰습니다. (이하 생략)

저는 저와 AI의 대화를 아이에게 보여줬습니다. 아이는 3D 프린팅으로 인공 장기를 만드는 게 가능하냐고, 벨기에에서 정말 2014년에 연령 제한 없이 어린이에게도 안락사를 허용하는 법안을 통과시켰는지 제게 물었습니다.

"나도 모르지. 3D 프린팅으로 인공 장기를 만드는 시도는 이미 꽤 나타나고 있지만, 벨기에의 케이스는 나도 모르겠어. 이게 사실인지 아닌지는 확인해봐야겠다."

김상균: 3D 프린팅으로 인공 장기를 만드는 시도를 찾아주라. 구체적으로 논문 찾아줘.

AI: 여러 논문을 통해 3D 프린팅으로 인공 장기를 만드는 연구에 대한 최신 정보를 제공할 수 있습니다.

"Research Progress of Three-Dimensional Bioprinting Artificial Cardiac Tissue" 이 논문에서는 3D 바이오프린팅 기술을 이용해 심장 조직을 만드는 최근 진보를 다루고 있습니다. 다양한 바이오프린팅 기술과 그 응용 방법, 그리고 향후 전망에 대해 논의합니다 (SpringerLink). (이하 생략)

첫 번째 자료를 클릭했습니다. 영어로 된 논문이 나타났습니다. 아이에게 태블릿을 들이밀고, 내용을 살펴보라고 했습니다. 복잡하게 영어로 쓰인 논문. 아이는 몹시 난감해하는 눈치였습니다. 저는 논문 정보를 긁어 넣고, AI에게 이렇게 물었습니다.

김상균: 중학생이 이해 가능하게 쉽게 풀어주라.

AI: (중략) 심장 질환은 많은 사람들의 생명을 위협하는 중요한 문제입니다. 심장 이식이 가장 좋은 치료법이지만, 이식할 수 있는 심장이 부족합니다. 3D 바이오프린팅이라는 새로운 기술이 개발되었습니다. 이 기술은 살아있는 세포를 포함한 재료를 사용해 3D 프린터로 조직을 만들 수 있습니다. 연구자들은 이 기술을 이용해 인공 심장 조직을 만들려고 노력하고 있습니다. 이렇게 만든 조직은 실제 심장처럼 박동할 수 있습니다. 아직 완벽한 인공 심장을 만들지는 못했지만, 연구자들은 계속 노력하고 있습니다. 작은 심장 조직부터 시작해서 점점 더 복잡한 구조를 만들어가고 있습니다. (이하 생략)

제가 확인해보니, 논문의 원래 내용과 다르지 않았습니다. 이 정도면 아이가 이해하기에도 큰 무리가 없겠죠? 이 내용을 살펴본 아이는 처음에 꺼냈던 토론 주제, AI 활용법보다는 3D 프린터로 인공 장기를 만드는 신기한 방법에 관심이 쏠렸습니다. 유튜브에서 영상을 찾아보고, 외국어로 된 자료가 있으면 AI 번역기로 한국어로 바꿔서 보라고 얘기해줬습니다.

AI의 생각을 아이들이 외우게 해서는 안 됩니다. AI는 정보를 정리하는 도구입니다. AI가 의견을 제시할 수도 있으나, 그렇게 의견을 만들어내는 이유는 다양한 대안으로 쓰기 위해서입니다. AI가 출력한 여러 의견의 가치, 쓰임새를 판단하는 책임은 우리 아이들에게 있습니다. 이런 책임을 무겁게 받아들인다면, AI는 아이들의 사고를 확장하는 새로운 도구로 정착하리라 봅니다. 쓸 만한 도구가 우리에게 생긴 상황입니다. 그러나 이런 책임의 무거움을 피해서, 그저 AI 도구가 던져주는 답안을 받아서 외우고 전달하기만 한다면, 아이들은 AI라는 머리에게 쓸 만한 팔다리가 될 뿐입니다. 결정은 AI가 하고, 그 결정을 실행하는 역할을 아이들이 맡는 상황이니까요. AI를 쓸 만한 도구로 삼을지, 아니면 AI의 쓸 만한 도구가 될지, 인간의 고민이 필요한 시점입니다.

인간은 각자 생각한 결과를 나누고, 섞는 과정을 통해서 사고를 확장합니다. AI는 그런 과정을 촉진하는 도구입니다. 다만, 그런 과정을 AI 하고만 하는 것도 역시 좋지 않습니다. 아이들의 사고는 다른 사람들과의 교감을 통해 확장되어야 하며, AI가 그 과정의 '보조' 도구로 존재하길 희망합니다.

AI가 쓴 글을
내 글로 착각하는 아이들

"인공지능AI 기술은 환경 보호와 지속 가능한 발전에 큰 도움이 될 수 있습니다. AI는 데이터 분석, 예측 모델링, 자동화 등을 통해 다양한 환경 문제에 혁신적인 해결책을 제시할 수 있습니다.

첫째, AI는 기후 변화 예측과 대응에 활용될 수 있습니다. 방대한 기후 데이터를 분석하여 더 정확한 기상 예보와 장기적인 기후 변화 추세를 파악할 수 있습니다. 이를 통해 정부와 기업들은 보다 효과적인 기후 변화 대응 정책을 수립할 수 있습니다. (중략)

넷째, AI는 폐기물 관리와 재활용 분야에서도 중요한 역할을 할 수 있습니다. 로봇과 AI를 결합한 시스템으로 쓰레기를 더 효율적으로 분류하고 재활용할 수 있습니다. 또한 AI 알고리즘을 통해 폐기물 발생을 예측하고 최적의 수거 경로를 설계할 수 있습니다.

결론적으로, AI 기술은 환경 보호를 위한 강력한 도구가 될 수 있습니다. 하지만 AI 자체도 에너지를 소비하고 환경에 영향을 줄 수 있다는 점을 고려해야 합니다. 따라서 AI를 환경 친화적으로 개발하고 활용하는 것이 중요합니다. AI와 환경 전문가들의 협력을 통해 우리는 더 지속 가능한 미래를 만들어나갈 수 있을 것입니다."

지금 읽으신 글은 AI로 만든 결과물입니다. "AI가 환경에 도움을 줄지 에세이를 써주라"라는 한 줄의 명령만 넣은 결과입니다. 그런데 어른이 쓴 글 같은 느낌이 많이 듭니다. "초등학생이 쓴 글처럼 만들어주라"라고 입력해봤습니다. 다음과 같은 결과가 나옵니다.

AI: 나는 AI가 환경을 도와줄 수 있다고 생각한다. AI는 컴퓨터가 사람처럼 생각하는 것이다. 이 AI가 우리 지구를 지키는 데 도움을 줄 수 있다. AI는 날씨를 잘 맞힐 수 있다. 그래서 비가 올지 더울지 알려준다. 이렇게 하면 나쁜 날씨에 잘 대비할 수 있다.

또한 AI는 전기를 아끼는 데 도움을 준다. 집이나 학교에서 전기를 많이 쓰면 AI가 알려주고 줄이게 해준다. 동물들을 지키는 데도 AI가 돕는다. 카메라로 숲속 동물들을 찍어서 AI가 보고 어떤 동물인지 알려준다. 그래서 멸종위기 동물들을 잘 보호할 수 있다. 쓰레기도 AI로 잘 처리할 수 있다. AI 로봇이 쓰레기를 종류별로 나눠줘서 재활용하기 쉽게 한다.

이렇게 AI는 우리 지구를 지키는 데 많은 도움을 줄 수 있다. 하지만 AI를 쓰려면 전기가 필요해서 조심해서 써야 한다. 우리가 AI를 잘 쓰면 지구를 더 깨끗하게 지킬 수 있을 것이다.

학교 과제물을 AI로 하는 학생들

예시처럼 AI는 글을 꽤나 잘 만들어냅니다. 직장에서 AI를 활용해서 보고서, 회의록, 신문 기사 등을 만들어내는 경우도 흔합니다. 정해진 구조가 있고, 사실을 중심으로 정리하는 글을 만들 때 결과물이 더 잘 나옵니다.

학교에서 과제물을 AI로 해오는 학생들도 늘어나고 있습니다. 그런데 여기서 두 가지 걱정이 듭니다. 첫째, 그렇게 뽑아낸 글은 내 글이 아닙니다. '내가 명령을 입력했고, 결과물을 읽어보니 내 생각과 비슷해서 괜찮다고 생각했다. 그러니 내 글이라고 해도 되지 않냐?'라고 주장하는 이들이 있습니다. 에브리타임(everytime.kr)과 같은 대학생 커뮤니티를 보면, 이렇게 해서 과제를 냈는데 좋은 평가를 받았다는 자랑도 올라옵니다. 그런 이가 있다면, 이렇게 시켜보면 됩니다. AI 없이 그 주제로 글을 직접 다시 써보라고요. 그렇게 해서 90% 이상 유사한 결과가 나온다면, 저는 AI를 보조적으로 써도 괜찮다고 봅니다. 여기서 보조적이라고 언급한 이유는, 아무리 90% 이상 동일하게 나온다고 해도, 그 글을 최종적으로 평가하고 다듬어서 완결하는 몫은 사람에게 있기 때문입니다.

신문사에서는 스포츠 경기, 일기예보에 관한 기사에 AI를 많이 활용합니다. 기사의 구조가 매우 정형화되어 있고, 인간의 의견이 개입될 여지가 적기 때문입니다. 기계적으로 정리하는 작업에 가까운 글입니다. 그 기사를 10명의 기자가 썼을 때, 10개의 글이 서로 비슷하게 나온다는 의미입니다. 이럴 경우 AI를 보조적으로 써도 괜찮습니다.

그런데 'AI가 환경에 미치는 영향'이란 주제로는 글의 논리적 흐름, 담아낼 세부 주제, 제시한 논거 등 서로 다른 글이 무수하게 나올 수 있습니다. 10명이 글을 썼다면, 10개 글이 각각 다를 겁니다. AI의 결과물을 보고, '내 생각도 비슷하니까 이것을 내 글로 삼으면 되겠구나'라는 생각은 귀찮음에서 온 착각이자 속임수입니다. 그 글은 내 글이 아닙니다.

둘째, 그 글에 편향, 거짓이 담겨 있을 수 있습니다. 앞서 AI가 뱉어낸 글을 보면, AI가 환경에 도움을 준다는 의견이 지배적입니다. 물론, 입력을 수정하면 이런 현상을 일부 막을 수 있습니다.

"AI가 환경에 미치는 영향에 관해 에세이 써주라. 긍정적, 부정적 영향을 균형 있게 제시해주라."

이렇게 입력하면 좀 괜찮아집니다. 그러나 그렇게 입력한 결과에도 여전히 편향, 거짓은 담겨 있을 수 있습니다. 그 글을 '내 글입니다' 하고 세상에 내보내는 순간, 그 속에 담겨진 편향, 거짓도 내 것, 내 책임이 됩니다. 조금 편하게 글을 써보려다가 편향, 거짓을 품은 사람으로 낙인이 찍힐 수도 있습니다.

더 좋은 글로
다듬어주는 도구

제가 글쓰기 작업에 AI를 활용하는 방법을 설명해보겠습니다. 제가 2024년 8월에 발표한 SF소설《기억의 낙원》이 있습니다. 이 소설을 바탕으로 AI에 다음과 같이 입력했습니다.

김상균: 다음은 소설의 도입부이다. 헤밍웨이가 이 글을 읽고 남긴 서평을 써주라.

남자는 창문에 붙어서 수술 방을 지켜보고 있다. 수술대 위에 여자가 누워 있다. 그녀의 피부는 오랜 시간 빛을 보지 못한 낙엽처럼 누렇게 변해 있었다. 그의 시선은 메마른 피부 사이로 드러난 뼈대에 머무른다. 병마와의 오랜 싸움이 남긴 흔적이다. 그는 그녀와 함께했던 시간들을 떠올린다. 그녀의 웃음소리, 따스한 손길, 그리고 함께했던 수많은 추억들. 그러나 이제 그 모든 것들은 마치 사라져버린 환영 같았다. (중략)

오랜 사투 끝에 의료진은 아내의 몸에서 뇌와 신경다발을 분리했다. 분리한 뇌와 신경다발을 수술대 옆의 보존액 병에 담갔다. 투명한 원통형 병에는 맑은 푸른빛의 보존액이 가득 채워져 있었다. 그 속에서 아내의 뇌는 마치 우주를 둥둥 떠다니는 해파리처럼 보였다. 수많은 주름과 고랑으로 이루어진 뇌 표면에는 무언가가 복잡하게 얽혀 있었다. 뇌에서 뻗어 나온 신경다발들은 마치 나무의 뿌리와도 같았다. 가느다란 수많은 실 모양의 신경 섬유들이 뇌에서부터 사방으로 퍼져나갔다.

AI: 헤밍웨이 관점에서의 서평

이 소설의 도입부는 강렬하고 간결한 문체로 독자를 즉시 이야기 속으로 끌어들인다. 작가는 불필요한 설명을 배제하고, 독자가 직접 장면을 목격하는 듯한 생생한 묘사를 제공한다. (중략)

작가는 또한 대화를 최소화하고 행동과 분위기를 통해 이야기를 전개시킨다. 이는 독자의 상상력을 자극하고, 더 깊은 몰입감을 제공한다. 마지막으로, 뇌와 신경다발을 보존액에 담는 장면은 과학적 사실과 문학적 상상력을 절묘하게 조화시킨다. 이는 현실과 초현실의 경계를 넘나드는 독특한 분위기를 자아낸다. 전반적으로, 이 도입부는 간결하면서도 강렬한 문체, 뛰어난 묘사력, 그리고 독자의 상상력을 자극하는 서술 방식으로 주목할 만하다. 앞으로의 전개가 기대되는 시작이다.

제가 좋아하는 작가인 헤밍웨이를 소환해서, 제 글을 평가해 달라고 한 것입니다. 다음과 같이 문체도 바꿔볼 수 있습니다.

김상균: 헤밍웨이 문체로 글을 바꿔주라.

AI: 남자가 창문 앞에 서 있다. 수술실 안을 본다. 아내가 수술대에 누워 있다. 피부는 누렇다. 뼈가 드러난다. 남자는 기억한다. 아내의 웃음. 따뜻한 손. 함께한 시간들. 기계들이 윙윙거린다. 의사들이 수술대를 둘러싼다. 검은 가운을 입은 의사가 남자를 본다. 남자는 고개를 끄덕인다. 수술이 시작된다.

여섯 시간이 지났다. 남자는 창가를 떠나지 않았다. 지켜봤다. 기계 소리. 깜박이는 불빛. 의사들의 움직임. 마침내 끝났다. 아내의 뇌와 신경이 병에 담겼다. 푸른 액체 속에서 뇌가 떠 있다. 해파리 같다. 신경은 나무 뿌리 같다. 남자는 보았다. 아무 말도 하지 않았다. 그저 보았다.

제가 쓴 글을 비판적으로 평가해볼 수도 있습니다.

김상균: 헤밍웨이 관점에서 내 글의 문제점을 정리해주라.

AI: 헤밍웨이의 관점에서 이 글을 비판적으로 평가한다면 다음과 같은 점들을 지적할 수 있습니다.

과도한 설명 - 헤밍웨이는 '보여주기show'를 중요시했습니다. 이 글에서는 등장인물의 감정이나 상황을 직접적으로 설명하는 부분이 많습니다. 예를 들어, "병마와의 오랜 싸움이 남긴 흔적이다"와 같은 문장은 독자의 해석 여지를 줄입니다.

감상적 표현 – "그녀의 웃음소리, 따스한 손길, 그리고 함께했던 수많은 추억들"과 같은 표현은 헤밍웨이의 간결하고 객관적인 스타일과는 거리가 있습니다. (중략)

헤밍웨이라면 이 글을 더욱 간결하게 다듬고, 감정을 직접 설명하기보다는 행동과 대화를 통해 상황을 전달하는 방식을 선호했을 것입니다. 또한 비유나 내적 독백을 줄이고, 더 객관적이고 직접적인 묘사를 통해 독자가 스스로 상황을 해석하도록 유도했을 것입니다.

이렇게 해서 헤밍웨이 스타일로 글을 바꾸자는 뜻은 아닙니다. 다만, 혼자서 글을 써도 수많은 이들, 심지어 역사 속의 인물들과도 교감하면서 글을 다듬기 위한 아이디어를 얻을 수 있다는 것입니다. AI가 제시하는 의견 중 무엇을 받아들일지, 왜 그 의견을 받아들일지, 그래서 어떻게 내 글을 다듬을지에 관한 판단, 실행, 책임은 여전히 우리 아이들의 몫입니다.

요컨대, 나 대신 글을 만들어내는 도구로 AI를 쓰지 않도록 지도해주세요. 내가 쓴 글을 더 좋은 글로 다듬는 도구로 AI를 활용하도록 이끌어주세요.

AI로 예술 작품을 만든다는 것의 의미

"마지막으로 그림을 그려본 게 언제인가요?"

제가 기업 임원들에게 가끔 물어보는 질문입니다. '고등학교 2학년 때', 가장 많이 나오는 답변입니다. 물론, 고3 때도 미술 시간은 있었지만, 제 경우에는 그 시간이 실제로는 자습 시간으로 배정돼서 수학, 영어를 공부했던 기억입니다. 입시, 일상생활에서 예술의 쓸모는 크게 인정되지 않아 보입니다. 대중예술이란 측면에서 많은 콘텐츠를 즐기지만, 창작자가 아닌 소비자 측면에서 가볍게 대하는 편입니다. 인류는 태초부터 동굴 벽에 그림을 그리고, 자연의 소리를 모사한 음악을 즐기며 예술을 사랑했지만, 산업화가 시작되면서 생산성과 효율성에 초점을 맞추다 보니 예술 창작과 감상에서 점점 더 멀어진 느낌입니다.

AI는 예술을 창작하는 난이도를 급격하게 낮춰주고 있습니다. 10~20만 투자해서 사용법을 익히면, 음악, 그림을 만들어 낼 수 있으니까요. 음악의 경우 수노Suno, 유디오Udio 같은 도구가 많이 쓰입니다. 그림의 경우 달리Dalle, 미드저니Midjourney, 스테이블 디퓨전Stable Diffusion 등이 많이 쓰입니다. 심지어 동영상도 가능하죠. 런웨이Runway, 소라Sora 같은 도구가 해당합니다.

다음의 그림은 제가 만든 것입니다. 달리로 만들었습니다. 입력문은 한 줄입니다.

"비 오는 날, 카페 테라스에서 차를 마시는 노신사, 오래된 유화 느낌"

이렇게 입력해서 받아낸 그림, 이것을 예술이라고 할 수 있을까요? 저는 이 그림을 만들면서 무엇을 표현하고 싶었을까요? 솔직히 얘기해서 이 그림을 만들기 위해 제가 무언가를 떠올리고, 구상하는 데 걸린 시간은 5초 정도입니다. 책을 쓰다가 샘플로 가볍게 넣기 위해 만들었으니까요. 이 그림을 보는 이

비 내리는 카페 테라스의 노신사 1

들은 어떤 생각을 하고, 무엇을 느낄까요? 작가가 어떤 의도로 이런 그림을 그렸는지, 그림의 배경과 등장인물은 누구이며 어떤 상황인지, 그림을 통해 전하고자 하는 메시지는 무엇이었는지 생각해볼 것 같습니다. 하지만 이 그림을 만들어낸 저는 그렇게 복잡하고 깊은 생각을 애초에 하지 않았습니다.

다음 페이지의 그림은 앞의 그림과 상황이 달라졌습니다. 노신사 곁에 다른 이들이 보이네요. 제가 이 그림을 만들기 위해 한 작업은 '다시 생성' 버튼을 한 번 누른 게 전부입니다. 누르면서 아무런 의도, 생각이 없었습니다.

저는 이런 결과물을 예술이라고 보기는 어렵다고 생각합니다. 명령어 몇 줄을 입력해서 그럴듯한 음악, 그림을 뽑아내는 것은 예술이 아닙니다. 카메라가 처음 등장했을 때 대중은 카메라로 찍은 사진을 예술로 인정하지 않았습니다. 지금은 어떤가요? 그림, 조각뿐만 아니라 사진도 예술로 인정합니다. 반면에 제가 스마트폰으로 찍은 음식 사진을 예술로 봐주는 이는 없습니다. AI는 카메라와 흡사합니다. AI는 예술을 하기 위한 새로운 도구, 전문적 기술이나 기법의 진입 장벽을 낮춰주는 도구이지만, 그로 인

비 내리는 카페 테라스의 노신사 2

한 결과물 모두를 예술로 보기는 어렵습니다. 따라서 AI로 인해 모두가 예술 활동에 참여할 수 있는 환경은 만들어졌지만, AI로 음악이나 그림을 찍어낸다고 해서 그게 예술 활동은 아닙니다. 전문 예술가가 사라지지도 않을 것입니다.

우리 아이들에게 AI를 활용한 예술 창작을 알려주는 것은 좋으나, 아이들이 예술의 본질이 무엇인지 깊게 고민하면서 그런 활용에 참여하면 좋겠습니다. 그럴듯한 결과를 뽑아내기 위한 프롬프트를 배우는 것이 AI를 통한 예술 교육이 아님을 명심하면 좋겠습니다.

예술의 본질에
집중하라

저는 예술에 관해 이해도가 높지는 않습니다. 그런데 언젠가부터 세 명의 화가가 눈에 들어왔습니다. 장 줄리앙, 줄리안 오피, 키스 해링입니다. 서로 비슷한 듯하면서도, 묘한 차이, 개성이 느껴지는 작가입니다.

세 작가 모두 단순화된 형태와 강렬한 선을 사용하여 자신만의 독특한 시각 언어를 만들어냈습니다. 저는 개인적으로 미니멀하고 단순한 삶을 좋아합니다. 아마도 그래서 제가 이 작가들의 작품에 끌렸나 봅니다. 이 작가들은 현대 도시 생활과 대중문화에서 영감을 받아 평면적인 표현을 선호한다는 공통점이 있습니다. 하지만 공통된 기반 위에서 각자의 개성도 뚜렷합니다. 저작권 문제가 생길 수 있어서, 세 작가의 작품을 이 책에 담지는 못했습니다. 인터넷을 통해 세 작가의 작품을 직접 찾아보시면 좋겠습니다.

줄리안 오피의 작품은 마치 컴퓨터 화면에서 튀어나온 듯이 깔끔하고 정제된 디지털 아트 스타일이 특징입니다. 그의 인물들은 극도로 단순화되어 점과 선만으로 표현되며, 넓은 단색 면이 이를 보완합니다. 장 줄리앙의 작품은 오피보다 좀 더 따뜻한 느낌을 줍니다. 손으로 그린 듯 질감 있는 선과 풍부한 색채가 특징이며, 세부 묘사도 더 많이 포함됩니다. 주로 도시 생활과 건축물을 다루면서도 때때로 유머러스한 요소를 가미합니다. 키스 해링의 작품은 가장 자유롭고 에너지 넘치는 느낌을 줍니다. 그래피티와 스트리트 아트의 영향을 강하게 받은 그의 작품은 사회적, 정치적 메시지를 담고 있으며, 원시적이고 직관적인 형태와 밝고 대비가 강한 색상을 사용합니다.

저는 이 셋의 화풍을 결합해보고 싶었습니다. 줄리안 오피의 단순한 디지털 아트 스타일, 장 줄리앙의 아날로그 질감, 키스 해링의 강렬한 원시적 에너지를요. 그렇게 해서 제가 완성한 그림은 다음과 같습니다.

저는 앞서 보여드린 카페 테라스의 노신사 그림에 비해, 이 그림에 한결 더 애착이 갑니다. 제가 직접 터치하면서 그린 작품은 아니지만, 이 정도면 다른 이들에게 제가 창작한 작품이라고 말하기에 부끄럽지

원시의 행진

않습니다.

저는 이런 작품을 가끔 만들어봅니다. 우리 아이들도 AI를 통해 예술을 공부하고 이해하는 시간을 가졌으면 좋겠습니다. AI를 활용해서 예술의 본질을 이해하고, 예술적 창작에 참여하는 경험을 풍성하게 누리면 좋겠습니다.

AI 예술을 통해 내면 들여다보기

그런데 예술이란 대체 무엇일까요? 저는 예술 창작은 창작자 자신의 내면을 관찰하고, 새로운 의문을 품어가는 과정이라고 생각합니다. 일상의 틀과 관습에서 몇 걸음 멀어진 곳에서 나를 바라보는 과정이라고 봅니다. 예술 창작에 익숙하지 않더라도, 우리는 글쓰기를 통해 이런 작업을 합니다. 어딘가에 발표할 글이 아니더라도, 메모장에 끄적거리는 글을 통해서 우리는 자신의 내면을 풀어냅니다. 그러나 글, 음악, 그림은 서로 다른 면이 있다고 봅니다. 일반화할 수는 없지만, 제 경우를 보면 글은 가장 정확하며 세밀한 언어로, 음악은 좀 더 함축적으로, 그림은 매우 추상적으로 나를 비춰보는 매체로 느껴집니다.

제가 발표한 SF소설 《기억의 낙원》을 바탕으로 조각을 만들어봤습니다. 제가 좋아하는 노르웨이 조각가인 구스타프 비겔란이 만약 《기억의 낙원》을 읽었다면 어떤 조각을 남겼겠냐고 AI에게 물었습니다. AI에게 먼저 제 소설 전체를 입

구스타프 비겔란의 관점으로 만들어낸 '기억의 낙원'

력한 후에 조각품을 표현해보라고 지시했습니다. 그렇게 만들어진 조각은 위와 같습니다. 물론, 2차원 그림으로 표현됐지만요.

저는 한참 동안 이 조각을 살펴봤습니다. 수많은 이들의 삶과 번뇌 위에서 잉태되고 있는 다른 누군가의 삶. 더 위대하고 아름다운 듯한 삶이지만 한편으로는 더 복잡하고 얽혀버린 삶. 그런 삶을 관조하고 있는 수많은 이들의 삶. 꼭 이런 것을 표현한 듯했습니다. 다른 AI 도구에게 그림만 입력하고 물어보기도 했습니다. 소설을 읽고 만들어낸 조각품인데, 조각가는 무엇을 표현하고 싶었던 것 같은지. AI의 해설은 이렇습니다.

AI: 이 이미지에서 조각가는 인간의 내면세계와 고통, 그리고 해방을 표현하고자 한 것 같습니다. 조각 속 인물들은 단단한 바위에 갇혀 있고, 한 사람은 그 바위를 깨부수려고 노력하는 모습입니다. 이는 인간이 자신을 속박하는 다양한 어려움과 내적 갈등으로부터 벗어나려는 의지를 상징하는 것처럼 보입니다. 또한 주변의 여러 조각상들은 모두가 이러한 상황에 처해 있음을 나타내며, 인간의 보편적인 경험을 나타내는 듯합니다. 바위를 깨뜨리는 조각가의 행위는 자기 발견과 자아실현을 위한 투쟁을 상징하며, 갇혀 있는 인물은 해방과 자유를 갈망하는 인간의 본성을 표현하는 것일 수 있습니다. 즉, 이 조각품은 내적 갈등, 해방, 그리고 자아실현을 향한 인간의 여정을 예술적으로 묘사한 작품이라고 할 수 있습니다.

저는 이 해설도 마음에 와 닿았습니다. 제 소설을 다시 들여다봤습니다. 다른 관점이 열리는 듯했습니다. 소설을 탈고하는 과정에서 그런 관점을 반영했습니다. 소설을 드라마, 영화로 만들기는 하지만, 소설을 바탕으로 조각을 만드는 경우는 매우 드물지요. 제가 직접 조각품을 만들기도 어렵고요. 하지만 AI를 통해 저는 조각품, 그것도 제가 흠모하는 작가의 조각품을 만들고, 그 조각품을 통해 제 소설을 다른 관점에서 살펴보는 기회를 얻었습니다.

새로운 의문을 품고, 몇 걸음 멀어진 곳에서 나를 바라보는 과정이 된 셈입니다. 저는 우리 아이들도 이렇게 AI 예술을 일상으로 끌어들여서, 자신의 정체성을 발견하는 데 활용하면 좋겠습니다.

문제 해결 능력을 길러주는 최적의 도구

앞서 제시한 '생각하기, 글쓰기, 예술'을 융합해서 아이들이 실제 문제를 해결하는 과정을 경험하면 좋겠습니다. 초등학교 4학년 교실에서 시작된 작은 프로젝트를 상상해봅시다. '학교 급식에서 남기는 음식 줄이기'라는 주제로 아이들이 머리를 맞댔습니다. AI 챗봇과 대화하며 문제의 원인을 분석하고, 다양한 해결책을 탐색합니다. 때로는 AI가 제안한 아이디어에 의문을 제기하고, 때로는 AI의 도움을 받아 더 나은 방안을 모색합니다.

이 과정에서 아이들은 단순히 '음식물 쓰레기를 줄이자'는 구호를 외치는 것이 아니라, 실제로 문제를 해결하는 경험을 합니다. 급식 메뉴 선호도 조사, 잔반량 측정, 캠페인 기획 등 다양한 활동을 통해 종합적인 사고력을 기릅니다. AI는 이 과정에서 정보를 제공하고, 아이디어를 제안하며, 때로는 아이들의 생각에 도전장을 던집니다.

AI 학습은 아이를 어떻게 바꿔놓는가

이런 학습이 가져오는 가치는 무엇일까요? 3장에서 제시한 5가지 역량을 기반으로 설명하겠습니다.

• 탐험력: AI를 활용한 문제 해결 학습은 아이들의 탐험력을 크게 향상시킵니다. AI는 방대한 정보와 다양한 관점을 제공하여, 아이들이 주어진 문제를 넘어 관련된 새로운 영역을 탐구할 수 있게 합니다. 예를 들어, '학교 급식에서 남기는 음식 줄이기' 문제를 해결하면서 아이들은 음식물 쓰레기, 환경

문제, 영양학 등 다양한 분야로 관심을 확장할 수 있습니다. 이 과정에서 아이들은 당장의 필요성을 넘어 폭넓은 지식을 쌓게 되며, 이러한 경험이 미래에 어떤 가치를 가져올지 모른다는 열린 태도를 기르게 됩니다.

• **질문력**: AI와의 상호작용은 아이들의 질문력을 자극합니다. AI가 제공하는 정보나 해결책에 대해 의문을 제기하며, 기존의 관행이나 방식을 당연하게 여기지 않는 태도를 기릅니다. 예를 들어, AI가 제안한 해결책에 대해 '왜 그렇게 생각하는지', '다른 방법은 없는지' 등의 질문을 하면서 본질을 통찰하는 능력을 키웁니다. 이러한 과정은 아이들이 단순히 주어진 정보를 수용하는 것이 아니라, 비판적으로 사고하고 새로운 가능성을 탐색하는 데 도움을 줍니다.

• **교감력**: AI를 활용한 문제 해결 과정은 개인의 노력만으로는 충분하지 않습니다. 아이들은 AI와의 상호작용뿐만 아니라, 친구들과의 협력을 통해 문제를 해결해 나갑니다. 이 과정에서 다른 사람의 의견을 듣고, 자신의 생각을 표현하며, 때로는 의견 충돌을 조율하는 경험을 하게 됩니다. 이는 단순한 의사소통 능력을 넘어, 타인의 감정과 생각을 이해하고 공감하는

깊이 있는 교감력을 기르는 데 도움이 됩니다.

• **판단력**: AI는 다양한 정보와 해결책을 제시하지만, 최종적인 판단은 아이들 스스로 내려야 합니다. 이 과정에서 아이들은 주어진 정보를 분석하고, 각 대안의 장단점을 평가하며, 윤리적인 측면까지 고려하여 결정을 내리는 경험을 합니다. 예를 들어, 급식 잔반을 줄이기 위해 벌점 제도를 도입할 것인지, 아니면 교육과 캠페인에 집중할 것인지 등의 결정을 내릴 때, 아이들은 다양한 요소를 고려하여 판단해야 합니다. 이러한 경험은 아이들의 합리적이고 책임감 있는 판단력을 기르는 데 도움이 됩니다.

• **적응력**: AI 기술은 끊임없이 변화하고 발전합니다. AI와 함께하는 문제 해결 학습을 통해 아이들은 이러한 변화에 유연하게 대응하는 능력을 기르게 됩니다. 새로운 AI 도구를 사용하거나, AI가 제시하는 예상치 못한 해결책을 접하면서 아이들은 변화를 두려워하지 않고 적극적으로 수용하는 태도를 갖게 됩니다. 또한, 문제 해결 과정에서 겪는 실패와 시행착오를 통해 끊임없이 자신을 개선하고 적응하는 능력을 키웁니다. 이는 미래의 불확실한 환경에서 큰 자산이 될 것입니다.

일상 문제의 해결책을
스스로 찾아보게 하라

초등학교 학생에게 도움이 될 만한 주제를 몇 개 뽑아봤습니다.

- 학교 급식에서 남기는 음식 줄이기: 실제적이고 일상적인 문제로, 환경 보호와 연결됩니다.
- 교실에서 에너지 절약하기: 에너지 문제에 관한 이해도를 높이고 실천 방법을 찾을 수 있습니다.
- 학교 운동장 쓰레기 문제 해결하기: 환경 보호와 공동체 의식을 기를 수 있는 주제입니다.
- 안전한 등하교길 만들기: 지역 사회 문제에 관심을 갖고 해결책을 모색할 수 있습니다.
- 학교 도서관 이용률 높이기: 독서 습관 형성과 도서관 활용에 대해 생각해볼 수 있습니다.
- 학급 신문 만들기: 정보 수집, 정리, 전달 능력을 키울 수 있는 프로젝트입니다.
- 학교 행사 기획하기: 창의력과 협동심을 발휘할 수 있는 종합적인 문제 해결 과제입니다.

• 우리 동네 장애인 편의 시설 개선하기: 사회적 약자에 대한 이해와 공동체 의식을 기를 수 있습니다.

이러한 주제들은 아이들의 일상생활과 밀접하게 연관되어 있어 흥미를 유발하고, 동시에 실제적인 문제 해결 능력을 기르는 데 도움이 됩니다. 이 과정에서 어른들의 직접 개입을 최소화하고, 아이들이 자신의 역량, 자원으로 부족한 부분을 AI를 통해 해결하도록 유도하면 좋습니다. 앞서 제시한 '생각하기, 글쓰기, 예술'을 통해서요. 물론, 이 과정에서 아이들이 무엇을 하고 있는지를 어른들이 면밀하게 관찰하면서, 안전망 역할을 해주어야겠습니다.

이런 학습을 처음으로 하는 경우라면, 앞서 제가 예시한 문제의 주제를 사용하거나, 선생님께서 문제를 제시해도 좋습니다. 그렇게 하다가 학생들이 익숙해지면, 학습에서 주제로 삼을 문제를 아이들 스스로 발견하고 결정하게 판을 깔아주는 것도 좋습니다.

실제 저는 수업에서 시험을 치를 때 학생들이 각자 문제를 만들고 답을 쓰는 문제도 출제합니다. 이 경우 그 문제가 이 수업에서 어떤 의미가 있는지를 설명할 수 있어야 합니다. 본인이 알고 있는, 풀기 쉬운 문제를 내는 학생은 드뭅니다. 의외로 문제를 잘 만들었는데, 답을 제대로 제시하지 못하는 학생들도 적잖습니다.

그러나 저는 이런 상황이 나쁘지 않다고 생각합니다. 문제를 발견하고 정의하는 능력 자체가 더 중요하니까요. 이러한 접근 방식은 학생들에게 문제 자체와 해결 과정에 관한 주인의식을 심어줍니다. 남의 문제가 아니라, 내 문제이니 더 깊은 애착, 강한 동기를 품으리라 믿습니다. 지금 당장은 풀지 못해도, 그것을 풀기 위해 새로운 탐험, 질문, 교감, 판단, 적응의 경험을 마다하지 않을 것입니다.

유니콘으로 성장한 아이

S사를 나왔다. 회사에 불만은 없었다. 회사가 짜 놓은 설계도 속에서 숨 쉬며, 다른 동료들과 서로 보호해주는 느낌이 나쁘지는 않았다. 그런데 때때로 답답했다. 오롯이 내 생각과 힘으로 세상을 마주해보면 어떨까, 이런 마음이었다.

그래서 나만의 회사를 시작했다. 부모님은 내색하지 않으려 하셨지만, 걱정하는 눈치였다. 그래도 나를 지지해주셨다. 처음 반년 정도는 예상보다 힘들었다. 고객 확보가 쉽지 않았다.

AI, 휴머노이드가 보편화되면서 기업에서 만드는 물건은 다양해지고, 가격은 내려갔다. 나는 앞으로 사람들이 나와 타인의 행복에 더 큰 관심을 갖고, 돈을 쓰리라 예상했다. 내가 만든 기업의 이름은 해피모먼트Happy Moment이다. 모든 기업의 내부 구성원, 고객들에게 행복한 순간, 경험을 만들어주는 '행복 경험 디자인' 회사이다. 스트레스도 잊을 만큼 정신없이 뛰다 보니 2년이 지났다. 그간 국내 대학 둘, 국내 병원 하나, 미국 병원 하나, 중국 기업 둘을 컨설

팅했다. 다른 직원은 아직 없다. 혼자서 일하고 있다. 자료 정리, 보고서 작성, 실험 데이터 수집과 분석, 일정 관리, 고객 관리, 회계, 통역, 프로그래밍 등 거의 모든 작업을 AI가 도와주기에 가능하다. 사무실 청소와 관리를 해주는 것은 당연하고.

나는 해피모먼트의 핵심인 현재 경험 분석과 미래 경험 설계에 집중하고 있다. 행복은 어떤 경험과 감정으로 이뤄져 있는지, 그런 경험과 감정을 느끼게 하려면 환경과 상호작용을 어떻게 바꾸면 좋을지를 연구한다. 해피모먼트 외에도 이쪽에 뛰어드는 기업이 조금씩 나타나고 있었다.

해피모먼트가 3년 차에 접어들면서, 새로운 도전에 직면했다. 더 많은 고객들이 찾아오기 시작했고, 프로젝트의 규모도 커졌다. 혼자서 모든 일을 처리하는 데 한계를 느꼈다. AI의 도움이 컸지만, 인간의 역량이 필요한 순간들이 많아졌다. 첫 직원을 뽑기로 결심했다. 단순히 일손을 늘리는 것이 아니라, 비전을 함께 나눌 동료를 찾고 싶었다. 면접 과정에서 많은 지원자를 만났지만, 진정으로 행복 경험 디자인에 열정을 가진 사람을 찾기란 쉽지 않았다.

그러던 중, 우연히 한 대학 강연에서 만난 학생이 눈에 띄었다. 도연이었다. 인지과학을 전공하면서 AI와 경험 디자인에 관심이 많았다. 도연의 신선한 아이디어와 열정에 매료되어, 그를 해피모먼트의 첫 직원으로 모셨다.

도연의 합류로 회사는 새로운 활력을 얻었다. 우리는 행복 경험 지수라는 새로운 개념을 개발했다. 개인이나 조직의 현재 행복 수준을 측정하고, 목표 행복 수준에 도달하기 위한 구체적인 전략을 제시하는 도구였다. 이 지수는 고객들 사이에서 큰 호응을 얻었고, 해피모먼트의 브랜드 가치는 한층 높아졌다. 그리고 나는 깨달았다. 일이 바빠서 느끼지 못했을 뿐, 혼자 일하는 몇 년 동안 나는 외로웠다. 도연과 함께 일하면서, 휴머노이드가 아닌 사람과 함께하는 기쁨을 다시 맛보게 되었다.

4년 차에 접어들면서, 우리는 더 큰 도전에 나섰다. 기업과 조직을 넘어, 도시 전체의 행복 경험을 디자인하는 프로젝트를 시작했다. 한 중소 도시와 협력하여, 도시 계획부터 공공 서비스, 문화 프로그램까지 모든 면에서 시민들의 행복을 증진시키는 방안을 연구하고 실행했다. 새로운 멤버가 필요해지는 상황이었다.

그때 내 머릿속에 떠오른 이가 있었다. 태린이었다. S사에 입사할 때 시뮬레이션에서 만났던 친구였다. 작년에 소셜 모임에 나갔다가 우연히 마주쳤는데, 왠지 알았던 사람 같아서 대화를 나눠보

니, 그가 태린이었다. K사에 다니다가 2년 만에 희망퇴직을 했고, 일자리를 찾고 있다고 했다. 도연도 태린의 합류를 찬성했다.

나는 태린에게 해피모먼트와 함께 하자고 제의했다. 해피모먼트에서 새로 맡은 도시 행복 프로젝트, 해피모먼트의 비전에 관해 태린에게 설명했다. 태린은 적잖이 당황하는 눈치였다. 무언가 내게 빚을 지고 있는 사람처럼 행동했다. 세 번을 만나서 설득한 끝에 태린이 해피모먼트에 합류했다.

도시 행복 프로젝트는 쉽지 않았다. 그래도 1년간의 노력 끝에, 프로젝트는 가시적인 성과를 냈다. 시민 만족도 조사에서 행복 지수가 크게 상승했고, 이 소식은 전국적으로 화제가 되었다. 다른 도시들로부터 자문 요청이 쇄도했고, 해외에서도 관심을 보이기 시작했다. 특히, 태린이 고안했던 행복 블록체인이 호평을 받았다. 도시 생활의 단면마다 시민들의 행복도를 미세하게 측정하고, 이를 블록체인을 통해 관리하자는 아이디어였다. 행복도가 높은 곳에는 인센티브를 지원하고, 행복도가 낮은 곳에는 더 많은 투자를 통해 행복도를 높이는 전략을 취했다.

5년 차를 맞이하는 지금, 해피모먼트는 작지만 강한 기업으로 성장했다. S사에 근무할 때 안면이 있었던 안 상무님이 연락해왔다. 해피모먼트 사업을 인수하고 싶다고 얘기하셨다. 사업권은 S사에서 인수하고, 나는 S사에 임원으로 합류하면 좋겠다고 제의했다. 나쁜 제안이 아니었다. 하지만 오래 생각할 필요는 없었다. 나는 정중하게 거절했다. 아직 풀어내지 못한 꿈이 많았기 때문이었다. 나는 새로운 출발을 준비했다. 도연, 태린에게 사표를 내달라고 부탁했다. 둘은 몹시 당황한 눈치였다.

　"헤어지자는 게 아니야. 각자 대표가 되면 좋겠어. 우리 셋 모두가 자신의 전문 영역에서 기업의 대표가 되고, 해피모먼트는 그 세 대표가 모여서 협업하는 프로젝트 기업의 하나로 두는 거야. 그리고 각자 대표가 되면, 해피모먼트 이외의 더 다양하고 역동적인 작업에도 참여할 수 있으니 좋을 것 같아. 그렇게 탐험한 경험이 또 해피모먼트의 성장에도 도움이 될 것이고. 그리고 이제 앞으로는 수익을 블록체인으로 관리하면 좋겠는데, 어떻게 생각해? 우리 셋 말고도 우리 일을 도와주는 파트너들이 많잖아? 우리 모두가 블록체인을 통해 성과를 공유하고, 투명하게 보상해주고 싶어서."

　다행히 도연, 태린도 내 의견에 공감해줬다. 우리는 이렇게 다시 각자 대표가 되었다. 우리는 단순한 사업가가 아닌, 행복을 설계하는 '행복 건축가'로 불리고 있다. 더 큰 도전이 기다리고 있다. 하지만 두렵지 않다. 해피모먼트, 우리가 만들어낸 행복한 순간들이 세상을 조금씩 변화시킨다는 꿈으로, 동료들과 함께할 수 있다는 믿음으로, 오늘도 새로운 아침을 맞이한다.

2030 자녀교육 로드맵

초판 1쇄 인쇄 2024년 10월 11일
초판 1쇄 발행 2024년 10월 31일

지은이 김상균
펴낸이 이경희

펴낸곳 빅피시
출판등록 2021년 4월 6일 제2021-000115호
주소 서울시 마포구 월드컵북로 402, KGIT 19층 1906호